JN116704

WE EARTH

海・微生物・緑・土・星・空・虹

7つのキーワードで知る地球のこと全部

NOMA・企画／案内人

グラフィック社編集部・編

エレメンツの結び目を蔦(った)っていくと

私たちが生きる世界の全体像が

ちょっとずつ明らかとなってくる

私たちそのものでもある

小さくて大きな一つの世界

これから始まるのは

地球の7つエレメンツをめぐる旅

繊細に美しくつながり合う

エレメンツたち

お気に入りとなった旅先を手蔓に

こんにちは、NOMA です。小さい頃から未知なる自然を感じて知ることが大好きで、植物や宇宙を中心とした自然科学や人類が辿ってきた文化・歴史に触れ、学ぶことをライフワークにしています。放浪の旅、探究の旅、自然観察（おもに植物、宇宙、カラス）、その道を探究してきた先人たちに、感じて知ってを重ねてゆくほど心は踊り、そこから考え自分なりの世界を観るレンズを育てていくと、この惑星で生きる冒険はさらに愉しい環に。

今回はそんな時間をシェアしたく、この本をつくらせて頂くこととなりました。企画、構成をはじめ、各章を監修・解説してくださった先生方のコーディネートとインタビュー、そして皆さまを7つのエレメンツの世界へといざなう案内人として、序文やライティングなどを担当しています。

海、微生物、緑、土、星、空、虹。

本書では地球をかたどるこれら7つのエレメンツを中心に、智の宝庫である先生方と共に地球の全体像を紐解いていきます。地球の神秘、無数の 縁 がつなぐ世界。これからの未来のために知っておきたいこと。

サイエンスの知識にわくわくと胸が高鳴ったら、次のページでは古の人々の文化や感性に触れる。さまざまな角度から溢れ出るストーリーが、皆さまの今、そしてこれからを豊かにするエッセンスとなるように願っています。

企画／案内人 NOMA

目次

何処から湧き上がるのか
「万物は流転する」
古代ギリシアの哲学者が残した言葉の如く
今日も平衡を保ちながら流転する
青の奥で始まった生命の物語を
紐解く旅に出てみよう

監修：**福岡伸一**

海

地球を縁どるように

岸辺から広がる無限大の青

晴れた日の静かな海は

宇宙からのお届け物を美しく反射し

波音は深い安らぎを与えてくれる

潮の香りをのせた風が撫でてくる度に

蘇る懐かしい気持ちは

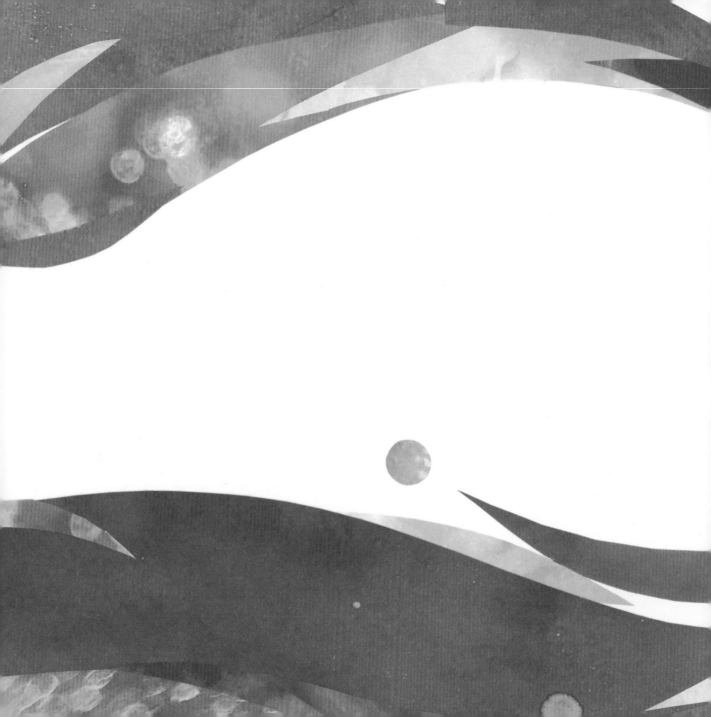

<Science>

① 生命のゆりかご、海の物語

ダイナミックな海流こそ

地球からの晴らしい贈り物

　太陽の光を反射させた青海原を眺めていると、誰もがその穏やかな美しさに時を忘れてしまうでしょう。悠久の時を経てできた青い海。そこには、地球の海で誕生し、進化してきた生命体の心を和ませてくれる秘密が隠されているのかもしれません。さて、ひとたび海に潜ってクジラのように海を旅してみたとしましょう。そうすると自然の法則に従った激流が、生命の素材を海底から表層へとぐるぐると循環させているのが見えるはずです。地上からは見ることのできない海の流れ——それこそが、すべての生き物へ向けられた地球からの恩恵です。

　表情豊かに見える海の中では、常に水が滞ることなく動いています。その理由は地球が24時間かけてくるりと一回転しているから。この自転の原動力は、地球上の液体や気体に大きな流れを引き起こします。もちろん海底の地形や水温による変化はありますが、おおまかにいつも一定の方向で循環しているのが「海流」です。

　地球の食物連鎖は、そんな海流がもたらす恵みが生んでいると考えられています。小さな小さな植物性プランクトン。

食物連鎖のスタート地点にいる彼らは、太陽の光と二酸化炭素による光合成をして生きています。彼らの生存に欠かせない要素がミネラル。細胞の代謝には鉄やマグネシウムを使うし、光合成にも鉄が必要です。ですが金属性で重いミネラルは、基本的に海の底に沈んでいます。太陽光や二酸化炭素、酸素を求めて海の表面近くにたゆたっている植物性プランクトンにとっては、なかなか手の届きにくい場所ですよね。そこで海は植物性プランクトンに、心強い贈り物をくれました。海の底に沈んだミネラルを表面にまで持ってきてく

れる自然のすごいパワー、湧昇 です。

　湧昇とは、海の表面近くの暖流と底の方にある寒流が交互に循環するなかでも、特定の条件を満たした場所でおきる、海底から表層まで海水が湧き上がる現象。海底に沈んでいたミネラルを巻き込んで植物性プランクトンにまで届け、彼らの豊かな繁栄を叶えてくれます。この海流から植物性プランクトンへの貴重な贈り物がなければ、その後に続く生命の連鎖もありえないもの。海は生命誕生の場所であるとともに、今もなお生命のゆりかごであり続けています。

　今この瞬間にも、海や地上のどこかで繰り広げられている生命のやりとりのドラマ。生物の普遍的な「食べる、食べられるの関係」は、海の中で微生物が誕生したときにはもう始まっていました。微生物から、いま地球に存在するすべての生き物へとつながっている、命の連鎖。進化とは、食べる、食べられるの、ドラマが幾重にも積み上げられて築かれたも

プランクトン。彼らの繁栄は、それを食べる動物性プランクトンへと紡がれていきます。湧昇のある海域は、いつも海洋生物が大賑わい。エビやカニ、そして小さな魚は、豊富なプランクトンを食べて成長します。そんな小さな海洋生物を目当てにして、より大きな魚や鳥、さらにはアシカやアザラシなどが集まってきます。誰もが誰かに食べられる世界。そうやって海の中で、そして海から陸へと、豊かな生態系が紡がれていきます。

　そもそも豊かな生態系って、どういう状態のことを指すのでしょう？ 多様な遺伝子を持つ、多種多様な生物がつながり合うあり方のことを、豊かな生態系と表します。さらに、その状態を維持しながら、国や地域によっても多様な生態系が築き上げられた姿がいわゆる生物多様性。とはいえ、どんな生物だって捕食されずに生を全うしたいはず……。食べられたら絶滅だってあり得るのでは、と思いませんか？ でもそこが自然界のすごく不思議なところです。どの生命のやりとりを抜き出してみても、食べられる方も食べる方も、お互いがいなければうまく繁栄していけなくなっているのです。捕食する側はもちろん飢えてしまいますし、捕食される方も誰かに食べられないと数を制限できなくなり、増えすぎて環境内でバランスが取れなくなってしまいます。

　食べられて他の生物の一部となることが、最終的に種の繁栄につながる。生命とは不思議な利他性を働かせる存在です。古代から連綿と命をつなぎ、分化してきたすべての生命。それらはみんな、いわば私たちの遠い遠い親戚ともいえるのです。

のといえるかもしれません。さて今しばらく現代の海にとどまって、海から始まっている生命のやりとりの仕組みを覗いてみましょう。それが次のページから始まる、生命の誕生と進化をつぶさに見てきた「海の物語」を、より味わい深いものにしてくれると信じて――。

　湧昇の恩恵によって豊かなミネラルを手に入れた植物性

水の惑星で私たちは
宇宙の大原則をするりとかわす

　私たちの体は絶え間なく、自らを壊し、つくり替えながら、保たれています。はっきりとは目に見えず、実感もわかないですが、今この瞬間も細胞レベルで「私」の入れ替え作業はなされています。形あるものは崩れ、整ったものはバラバラな状態になる。これは宇宙の大原則——「エントロピー増大の法則」といい、いかなる生命といえども逃れられない現象です。もしも細胞の入れ替え体制が損なわれてしまったら、私たちの体はあっという間に劣化してしまうでしょう。

　このように地球上の生命現象の本質とは、常に壊れたがる自分自身を常にメンテナンスしながら成長し、体の中の秩序を維持できる存在であるということです。自分自身を複製したり、子孫を残せるのも生命ならではの特徴。地球上の生命はこの乱雑化を強制する宇宙の物理法則から、まるで魔法のように逃げ続け、長い期間一定の形を保ち続けることができるのです。

　エントロピーをするりとかわす、不思議な能力。それを初めて手に入れた存在こそが、地球で最初に生まれた生命体でした。宇宙の大原則の影でひっそりと生まれた、とても小さく単純な構造を持つ生命体。では、彼らの故郷でもある海は、いつ、どのようにして、生命を育むのに理想的な環境を手に入れたのでしょうか。ここからは時間を巻き戻して、海、そして生命の誕生の歴史を振り返っていきましょう——。

　今から約46億年前のこと。太陽が産声を上げてまもなく、地球も誕生しました。生まれたばかりの地球には今のような水を湛えた海はなく、どろどろのマグマの海に覆われていました。その温度はじつに1000度以上。後に海のもととなる水蒸気がもやのように地球を取り巻いていて、とても生命が存在できる環境ではありませんでした。しばらくすると地球の温度は低下していきます。マグマの海は地球の表面で固まり

だして、たまごの殻のような地殻を形成。こうしてできた地表では火山が盛んに噴火を繰り返していました。

　さらに地球が冷えると、地球を取り巻いていた大気中の水蒸気が凝結し、雨となって地表に降り注ぐようになりました。そうしてやっと液体の水が地上に凝縮して、原始的な海が誕生したと考えられています。地球は岩石でできた惑星でありながら、同時に水が液体として存在するために太陽からちょうど良い距離にあったのも、海が今ここに存在する理由です。当時の地球はおそらく陸地はほとんど存在せず、全球を海に覆われた水の惑星だったと考えられています。

関連：p140（星の章）

地球史上最大のイベントは
熱水噴き出す海底で

　生命の誕生については、今もなお謎に包まれています。多くの専門家たちが研究を続けていますが、それは生命科学最大の難問のひとつ。それでも38億年前の原始的な海のどこかで、何かしらの奇跡的なイベントが起きたことだけは確かでしょう。それによってすべての生物の祖となる、最初の生命が生まれたのです。

　最初に現れた生命体は、膜に囲まれた小さな単細胞生物でした。細胞核を持たず、非常にシンプルな構造をした原核細胞。原始の海ができてから数億年経った後の出来事です。その頃の海はというといまだ高温で、海底火山が活発に活動していました。そこで注目したいのが、その岩の割れ目などにあった有機物——人間にも必須なタンパク質の元であるアミノ酸や、DNAの原型になるような核酸の濃縮されたものなど、生命の材料といえるものが存在していたのです。そこでどのようなイベントが起きたのかは、まだはっきりとはわかっていません。ですが深海の熱水と海水がぶつかり合う

場所で、生命誕生のきっかけとなる何かしらの大イベントが
起きたと考えられています。

　そのときに発生した単細胞生物は、どんなものだったので
しょうか。おそらく透過性の膜に覆われていて、いまだ混沌
とした周囲の環境とある種のコミュニケーションが取れたと
考えられています。つまり外界とのやりとりを通して、生命を
維持する生命システムを手に入れていたのです。最初の生
命は外界の光エネルギーから有機物をつくり出し、それを
使って生きていました。そう聞くと植物の光合成を思い出し
ますが、まだ副産物として酸素を生成するまで複雑な仕組み
はできていません。光エネルギーを代謝エネルギーに変える。
それだけの単純な仕組みを持った本当にシンプルな生命体
だったのです。

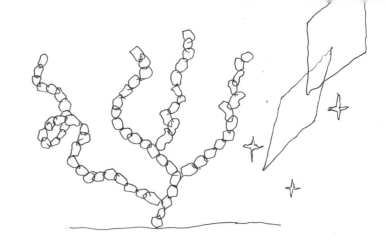

地球を酸素で満たした小さな小さな微生物

いま私たちがおもいっきり深呼吸すると、新鮮な酸素がよどみなく肺を満たしてくれます。ですがもし太古の地球に行けたとして深呼吸をしても、入ってくるのは二酸化炭素と窒素ばかり……。とても生物が生きていけない環境！そう、原始地球には酸素がほとんどなかったのです。そんな地球環境を変えたのは、太古に生まれた小さな細菌。その細菌の登場によって地球が酸素に満ちた惑星へと変わり、その後の多様な生物誕生に向けての引き金が引かれました。

さて地球で最初に生まれた全生物の祖先は、シンプルな姿のまま数億年を海の中で過ごしました。そして約35億年前、2つのグループに枝分かれします。古細菌（アーキア）と真正細菌（バクテリア）です。それからさらに時が経って約27億年前になった頃、このうちの真正細菌の仲間から注目の細菌が現れます。このトピックの主役、酸素をつくる本格的な光合成をするシアノバクテリアの登場です！光エネルギーを使って二酸化炭素から酸素と有機物をつくる光合成は、簡単そうに聞こえるけれど、実はものすごいエネルギーを必要とする大変な仕事。それなのにシアノバクテリアは光合成でできた酸素で自身も呼吸しつつ、余った酸素をなんと環境中に戻してくれるという、利他的な行為までしてくれるよ

うになったのです。

シアノバクテリアの一族は海の中で大繁栄。まず起きたのは海の中の環境変化です。そして海中が酸素で満たされた後、酸素はとうとう海を出て大気中へ。こうして大気中の酸素濃度は、急激に上昇していきました。この27億年前の出来事こそ、酸素を利用して生きる私たち生物の繁栄のとても大きなきっかけ。シアノバクテリアがいなければ、私たちもいなかったかもしれないほどです。ちなみにシアノバクテリアは今も地球上で元気に繁栄し、酸素をつくり続けてくれています。米・オレゴン州のアッパー・クラマス湖に行けば、藍色細菌いう日本語名もあるシアノバクテリアの、美しいグリーンを湖から感じることもできます。

最後に、シアノバクテリアが繁栄したときの海中の変化にも触れておきましょう。その頃、海中には大量に鉄分がありました。それらがシアノバクテリアがつくった酸素によって酸化し、海底へと沈んでいきました。その証拠に地球上では薄い酸化鉄の地層がほぼ全域に見られ、いま私たちはその時代にできた鉄鉱石を鉄製品をつくるために利用しています。鉄製品も古代に誕生したシアノバクテリアのおかげだったのですね。

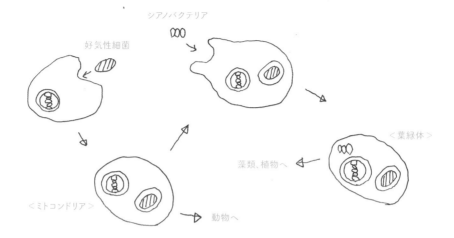

シアノバクテリア

好気性細菌

<葉緑体>

藻類、植物へ

<ミトコンドリア>

動物へ

食べる、から共生し合うへ 細胞内共生という革命

　古細菌と真核細菌が生まれた海の中では、彼ら微生物同士の「食べる、食べられるの関係」が始まっていました。小さい微生物は大きい微生物に食べられる。普遍的な生命のやりとりの始まりです。植物性微生物が光合成で生存するなか、大腸菌のような動物性微生物はそれらの植物性微生物を食べて消化し、エネルギーを得て生きていました。

　ところが動物性・植物性の単細胞生物だけが存在するようになって約10億年ほど経ったあるとき、その関係に思いがけない大事件が起こります。大きな単細胞生物に食べられたシアノバクテリアが、居心地が良かったのか、細胞の中に取り込まれて消化されずにそのまま生き続けるようになったのです。シアノバクテリアは大きな細胞の中で外界から隔離されながらも、変わらず光合成を続けました。そしてエネルギーや有機物を、たまたま自分を守ることになった単細胞生物と共有するようになったのです。

　両者の関係性はまるで私たち人間が、腸内細菌に栄養をあげると同時に腸内細菌からもいろいろなものを受け取っている共生関係のよう。大きな細胞からすると、タダでエネルギーが得られるようになったという、とってもラッキーな出来事だったでしょう。シアノバクテリアにとっても、日当たりの良い場所に向けて泳いでくれる乗り物として、また有機物やミネラルなどの栄養を分けてくる存在として、お互いに喜ばしい共生だったと考えられます。

　これは細胞内共生（シンバイオーシス）と呼ばれ、進化の過程で起こった奇跡的な大革命でした。というのもこれこそが、私たちヒトを含む動植物や菌類の起源となったからです。地球上の生物のほとんどが持っているミトコンドリアや、植物の中にある葉緑体は、このときにできた新しい生物が起源。ミトコンドリアや葉緑体の中には、今も小さな彼らのDNAがそのまま残っています。つまりそれって私たちの体の中にも、この大革命で生まれた生物の余韻が残っているということ。現在では古細菌が原核細胞を取り込んで細胞小器官とし、動植物や菌類に進化したというのが有力な説になっています。

関連：p073（緑の章）

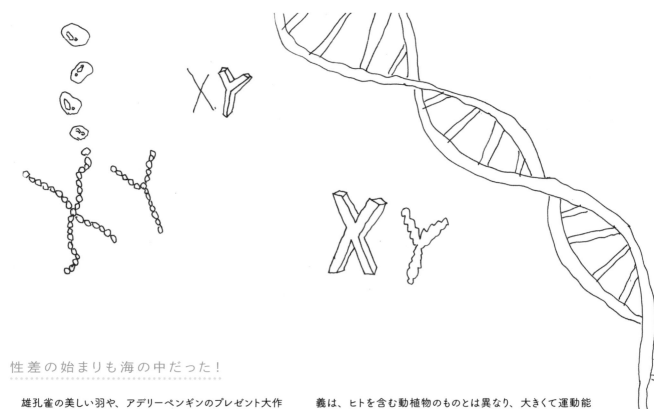

性差の始まりも海の中だった！

　雄孔雀の美しい羽や、アデリーペンギンのプレゼント大作戦。地球上の生物たちは子孫を残すために、さまざまな社会活動を見せてくれます。強烈に自分以外の誰かに惹かれる感情、そして子孫を残したいという衝動も、古い遺伝子から受け継がれてきたものなのかもしれません。そうです、大昔から命をつないできた単細胞生物にも性別のようなものがあったのです。

　性の始まりは、原始の海にまで遡ります。まだ海に単細胞生物しかいなかった頃、単細胞生物は長い間、細胞分裂の繰り返しによるクローン複製で増殖していました。それがあるとき少しだけ異なるタイプの細胞に分裂するようになります。大きいものと、小さいもの。単細胞生物の雄、雌の定

義は、ヒトを含む動植物のものとは異なり、大きくて運動能力のない方が雌。小さくてちょろちょろと動ける方は雄とされています。

　動ける雄は遺伝子を持ったまま、異なる遺伝子を持つ雌のところまで行って合体し、遺伝子を混ぜ合わせて新しい遺伝情報をつくりあげます。さながら単細胞生物の雄は、遺伝情報のメッセンジャー。クローン複製では、それまで親から子へ、子から孫へと、遺伝情報を垂直にしか伝達できませんでした。ところが性の分化によって遺伝情報を水平に渡し合い、新しい遺伝情報を取り入れられるようになったのです。有性生殖による水平移動によって、遺伝子の多様化を推し進めたといえるでしょう。性の分化がいつ起こったかを

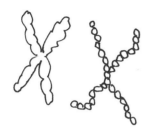

細胞たちの役割分担が
進化のステージを押し上げた

　単細胞生物の多細胞化。もしかするとそれは、人間が助け合って集落を築いていく過程のようなものだったのかもしれません。最初の生命体が地球の海で誕生してから約25〜28億年もの間、長らく海のなかで唯一の住人だった単細胞生物（種類はたくさんいましたが）は、基本的に個として海を漂って生きていました。生命体は小さな単細胞のままの姿で、爆発的な進化の機会を窺っていたのです。

　有性生殖を行って単細胞生物が多様化し、進化の次のステージに進む準備が整ったのは、今から約10億年ほど前のこと。バラバラに分かれて生きていた彼らの中から、集団生活をするものが現れました。細胞が分かれずに集合体となって増殖し、しかもそれぞれが役割分担までするようになったのです。たとえば酸素呼吸をしやすい場所にいる細胞は、エネルギーをつくる役割。内側にいる細胞は、代わりに別の代謝を担うというように。これも進化の過程での大きな分岐点。多細胞生物の始まりです。

　私たちも含めてヒトの目に見えるくらいの大きさを持つ生物は、ほとんどが複数の細胞で構成された多細胞生物です。約10億年前に多細胞化を果たした生命体が、どんどん細胞を増やし、分業能力を高めていったその先に、今の複雑で多種多様な生物たちがあるのです。

　きみがその仕事をするなら、私は別の仕事をがんばるよ。あっちのあの人にはこの仕事をしてもらおう——。もちろんそんなコミュニケーションがあったわけではなく、おそらく最初は偶然、またはランダムな生命活動の末に起きた実用的な変化だったのでしょう。でもなんだか彼らの役割分担をする生き方、私たちの社会とも良く似ているとも感じませんか。

関連：p048（微生物の章）

　はっきりと知る術はありませんが、単細胞生物が多細胞化する少し前に起きたと考えられています。ちなみにヒトは例外もありますが、男性はXとY染色体のペアを持ち、女性にはX染色体のペアがあります。Y染色体とX染色体の大きさ関係は、単細胞生物の雄雌の大きさ関係と同じ。そこにも原始の海の気配を感じずにはいられません。

　ある種の相補的な共同作業の末に、新しいパターンを生み出す有性生殖。これもある意味、生命が途方もない時間をかけて試行錯誤の末に編み出した、利他的な行動の結果だったといえるのかもしれません。生命の不意なる利他的な行動が後押しする進化、100年後、1000年後はどんな風に表れるのか楽しみですね。

生命が珍奇に花盛るカンブリア紀

さぁ、海の歴史のなかでももっともおもしろい、見応えのある時代にやってきました。約5億年前のカンブリア紀は、今では考えられないほど不思議な時代。空想物語の生物のようなヘンテコな見た目をした生物がうじゃうじゃと誕生し、海を泳ぎ回っていました。たとえば目玉が飛び出たもの、ムカデのような姿でヒラヒラと泳いでいるもの、チョウチンがついているもの、などなど。小さいものから、なかには2メートルもの大きさのものまで、ありとあらゆる形態が試され、そして消えていきました。

カンブリア爆発ともいわれる、この生命の爆発的な多様化にはさまざまな背景が重なりあっていたと考えられています。まず生命が多細胞化したこと。そしてまだ背骨が存在せず、形態の自由度が飛躍的に高かったこと。地球全体が凍結したスノーボールアースを経て、植物性の微生物が大気中に大量の酸素を放出してくれたおかげで酸素濃度が高まり、生命活動が活発に行えるようになったことなどがあげられています。

この時期に私たち脊椎動物に欠かせない「背骨」も発明されました。体の中心部に細胞が集まり、カルシウムなどが

周りに蓄積されることで、固い背骨を持った生物が誕生した
のです。これもカンブリア紀の生命たちの実験のうちの、取る
に足らないひとつの結果だったのかもしれません。それでもこ
の背骨の発明が魚類に、そして両生類、爬虫類、鳥類、哺
乳類の誕生へとつながる大きな一歩だったのは間違いのない
ことです。また背骨をつくらずに体の外側を固くして成功した
生物もいました。外骨格を得た、現在でいう昆虫、および節
足動物の仲間などです。

　海が育んだ生命のはじまりの物語は、ひとまずここまで。細
胞内共生、有性生殖、そして単細胞生物の多細胞化……

生命はまだ目に見えないほどの小さな状態
から、たくさんのビッグイベントを経て進化し
てきました。進化論を提唱した生物学者の
チャールズ・ダーウィンが言ったように、環
境への適者が生存して進化が進んだという
側面はもちろんあります。しかし、細胞同士
が共同関係、共生関係、利他的な関係を
築いたからこそ、生命現象が展開した部分
もあるのです。そんな生物の微々たる歩みを、
母なる海が常に支えていたわけです。

<Science>

② だ か ら ヒ ト は 、 海 に 呼 ば れ る

光 が 教 え て く れ る 海 の 記 憶

生まれたばかりの赤ちゃんはほとんど周りのものが見えていないといわれています。ただ光の認識はでき、それが物が近づいたときの赤ちゃんの反応につながっているのだそう。視覚の原点でもある、光を知覚する能力——。私たちはここから、太古の生命とのつながりを辿っていくことができます。

地球で誕生した最初の生命にとっての光とは、生きるために欠かせない命の源でした。例えば古細菌は細胞の表面にバクテリオロドプシンと呼ばれる、光を取り込んで光エネルギーを化学エネルギーに変えるタンパク質を持っていました。この仕組みこそが、ヒトの目のなかにある網膜の起源ではないかと考えられています。網膜にはロドプシンと呼ばれる光を感知するタンパク質（受容体）があり、このタンパク質構造がバクテリオロドプシンと非常によく似ているのです。なお生物に鋭敏な光受容システムを持った「見る力」が、視覚としてしっかりと発達したのはカンブリア紀の頃と考えられています。

ちなみに視覚と原理的に同じ仕組みで成り立っている、匂いを感じる力（嗅覚）と味を感じる力（味覚）は、視覚よりも後に発達したと考えられています。嗅覚は空気中に流れている物質を感知する感覚。おそらく原始の生物たちは海の中の栄養を匂いセンサーでキャッチしてエサを探し当てる、嗅覚と味覚が合体したような感覚システムをまず手に入れ、それが次第に分かれていったのでしょう。

私たちはもちろん、地球上の多くの生物とって光は欠かせないものです。太陽の光を浴びて眩しさを感じるとき、太古の海の小さな祖先ともその感覚を共有していると考えたら——。光をさらに愛おしく感じられるかもしれません。

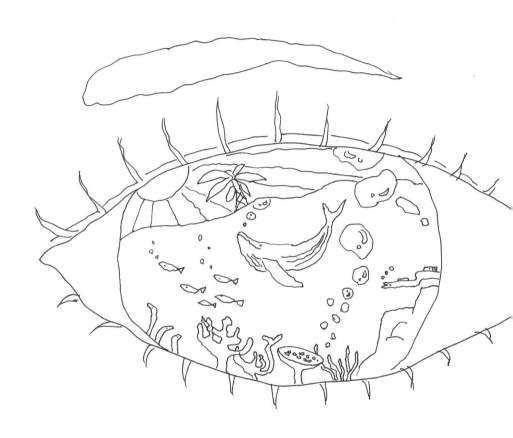

これって海の名残りなの？ 生物に共通する「0.9％」

　私たちの体の中には、他にも海の名残りかもしれないものがあります。それは私たちの血液や体液、胎児を育てるときに子宮内を満たす羊水などです。よく子宮内は海の中の環境と似ていると表現されますが、その理由のひとつが子宮はうすい塩水で満たされていて、胎児がその羊水で浮かぶようにして成長するからです。

　ただしそれは海水の塩分濃度のように濃いものではありません。現在の海水の塩分濃度は約3％。羊水の塩分濃度はそれよりもずっと薄く、0.9％ほどに保たれています。実は血液や体液も同じく、0.9％の塩分濃度。ヒトに限らず、ほぼすべての陸生生物の細胞膜もまた、0.9％の浸透圧に保

たれています。不思議なことに海で暮らす魚なども同じで、それらは海水から取り込んだ塩分を外に捨てる仕組みを持っていて、体内の塩分濃度を常に0.9％に保っています。

　実は地球にできたての海は、酸っぱかったと考えられています。海は長い歴史を通して、少しずつ塩分濃度を増し現在の塩辛い海ができあがりました。岩石に含まれるさまざまな鉱物が、酸性の水に溶け出すにつれて中性に変化し、そして今の海になったのです。もしかしたら0.9％という多くの生物が共通して持つ数字も、生命が誕生した頃の、いつかの海水の組成を今に伝えているのかもしれませんね。

耳の奥にも残る海の生物だった証

　もし魚のようにエラを持っていたのなら、素潜りのままもっと深く、もっと遠くまで、海の神秘に会いにいけるのに──。ですが陸上に住むほとんどの動物は、進化の過程でエラ呼吸を捨て、肺呼吸をするようになって現在の姿になりました。でもこのエラ呼吸、完全になくなったわけではなく、これもまた海で暮らしていた頃の記憶としてヒトの体内に残っています。

　生物が海から陸に上がるまでに、肺で呼吸できるというのは重要なポイントのひとつでした。海の魚はみんな、エラをひらひら動かして、そこに海水を通過させることで酸素を取り込み呼吸をしています。エラの中には毛細血管が張り巡らされていて、そこから酸素を吸収しているので、呼吸をするにはエラに海水を取り込むことが条件。ですからエラが固く、エラの動きだけで海水を取り込むのが苦手なマグロやサメのような魚は、常に泳ぎ続けることで口から海水を取り込んで、たゆまない呼吸を可能にしているのです。

　両生類のようにオタマジャクシのときは完全にエラ呼吸で、大人になると肺呼吸になるのは、進化の過渡期的な段階を経ています。爬虫類まで進化すると完全に陸上で生まれ、肺呼吸だけに頼るようになります。陸上で空気中の酸素の利用を可能にした肺呼吸。これもまた生命にとって大きな革命だったといえるでしょう

　さて、完全に陸上生物となった私たち人間は、どこにエラの名残りを持っているのでしょう？　人間の胎児の成長の様子を見ていると、魚に近い形態をしている初期の段階では、エラのようなものを見ることができます。また、水に潜ったり、飛行機に乗ったときのことを思い出してください。耳が不快になって、「耳抜き」をした経験がありますよね。これは耳と口をつなぐ細い管が気圧の変化によって圧迫されることによって、耳が痛くなったり、詰まった感じが引き起こされているのです。この口と耳をつなぐ管こそ、魚だったときの名残り。口から耳に水を送りながらエラ呼吸をしていた頃の忘れ物であり、私たちの体に残る、海での暮らしの記憶なのです。

生まれる前に体験するめくるめく 38 億年の生命史

　38 億年前から途絶えることなく続いてきた生命の営みと進化。それは途方もなく長い時間ですが、私たちは産声をあげる前に、この 38 億年を知らず知らず追体験してきているようです。

　ヒトを含む哺乳類は、一般的に子宮の環境で新たな生命を育みます。おそらく人間の胎児が子宮の羊水の中で泳ぐようにしながら成長するのも、私たちの祖先が海の中で誕生したことと関係しているのでしょう。ヒトの生命の始まりは有性生殖による卵子と精子の出会い（p022 で起きた事件!）。両親の遺伝子を半分ずつもらった子どもは、両方の特徴を備えていますが、親とは別個体として成長を始めます。受精卵が 10 回ほど分裂して 1024 個ほどのかたまりになると、それぞれの細胞は細胞間でコミュニケーションを取りながら、自分が何になるかを決めていきます（p023 の多細胞化への進化）。皮膚細胞になったり、神経細胞になったり、とい

うように。もちろんどの細胞もあらかじめ何になるかを決められていたわけではないのですが、うまい具合にみんな重ならずに役割を担ってくれるから不思議なものですよね。

　しばらくすると多細胞化した細胞のかたまりは、尻尾を持った魚のような形に見えてきます。次に両生類のオタマジャクシのようになり、頭が大きくなってあたかもトカゲであるかのような姿が観察できます。やがて尻尾が短くなっていきヒヨコのような格好に。そうして手足が見えはじめ、ようやく人間の赤ちゃんの姿になっていくのです。それはまるで進化の歴史を見ているかのようです。

　ひとつの小さな細胞から始まる胎児の成長は、魚類、両生類、爬虫類、鳥類を経て、哺乳類にまで進化した、系統発生のプロセスをまるで再体験しているよう。ヒトの妊娠期間である約 280 日間には、海の中で始まった生命 38 億年分の進化の歴史が詰まっているのかもしれません。

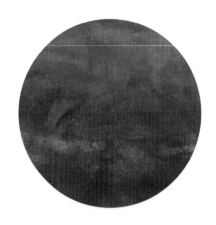

生命が初めて出合った色は青だった

海の青、空の青。青色は一般的に心を鎮め、リラックスできる色として知られています。疲れたときには海を眺めに。そういう人が多いのも、無意識のうちに青の効能を求めているからかもしれません。また美術作品の中にも、世界中の人々を惹きつける青色の作品がいくつもあります。これら青に惹かれる感覚もまた、進化の過程で私たちの潜在意識に刻まれたものだったとしたら驚くでしょうか。なぜなら太古の海中の生物にとって、光とは「青」だったのです。

海が青く見える理由は、光の波長の違いによって説明できます。虹を想像するとわかりやすいのですが、人の目に見える光は虹の外側のアーチから、赤、橙、黄、緑、青、藍、そして紫の7色に分類されます。波長が長くてエネルギーが小さいほうが赤、逆に波長が短くエネルギーが強いほうが紫です。太陽の光が海に差し込むと、エネルギーが小さい赤系の光は海表面で吸収されてしまい、エネルギーの強い、青に近い光だけが海底にまで届いていきます。それが分散して地上から眺める私たちにも、海を青く見せているのです。

逆に海の中から上を見ると、太陽も青く見えることでしょう。

さて原始の海に戻りましょう。古細菌やシアノバクテリアにとってはエネルギーの源である光。光ある方向へ動くことは、存在をかけたミッションでした。色として認識していなかったとしても、光の存在を示す「青」は何よりも大切だったことでしょう。

青はその後も私たちの生命をつなぎとめるさまざまなものの中に見出せます。水、空気、遠くの緑……灼熱の砂漠で青を見つければ水かオアシスがあるかもしれない。原始の細胞から始まり、ヒトという形をとってからも青色を求める営みはずっと続いてきたのです。青は生命をつなげる色――。私たちはそこに「美しさ」という価値を見出してきたのではないでしょうか。

ちなみに青の波長は、地球上のほぼすべての生物が認識できる唯一の色だと考えられています。青の記憶、青の美しさは、この世界にいるすべての生物と共有している感性なのかもしれません。

実はほとんど一緒！？ 血の赤と、植物の緑

　少し海から離れますが、進化の過程のかなり早い段階で別れた植物と私たち（p021 の細胞内共生の時期が分かれ道）。色の話のつながりで、ひとつ特別な共通点があるので紹介しましょう。

　もし植物の色と血液の色を聞かれたとしたら、きっとみんな同じ答えになるでしょう。植物は緑色で、血液は赤色。ところが植物の緑を司る葉緑体と、ヒトの血液を比べると、その化学構造にはほんの些細な違いしかないことが確認できます。

　植物が緑色に見える理由は、葉緑体（クロロフィル）という物質によるもの。血液の赤色は、血液の中で酸素を運ぶヘモグロビンによるものです。葉緑体はこのヘモグロビンにくっついているヘムとほとんど同じ構造をしています。それなのになぜ緑と赤と違って見えるのでしょう？ その理由はヘモグロビンの真ん中には鉄イオンが含まれていて、葉緑体の真ん中にはマグネシウムイオンがあることに加え、ほんのわずかな構造上の変化が起きているからです。このほんの少

しの違いが光を反射する波長を変え、私たちに違う色を見せているのです。ちなみにタコやイカの血液は青に近い色。ヘモグロビンの代わりに、銅を含むヘモシニアンを持つためです。色の感じ方、認識できる色の範囲は、生物によって異なります。もしかしたら他の生物の目を通すと、ヒトの血も植物の色もまったく同じに見えている可能性も。遠い種である植物が、少し身近に感じませんか？

　認識できる色といえば、ヒトには見えない色が見えている生物もたくさんいます。たとえば昆虫には紫外線が見えています。私たちには白にしか見えないモンシロチョウも、紫外線を感光するフィルムで写真を撮ると、金属のように光るモンシロチョウと光らないものがいます。光る方はメスで、鱗粉の構造が微妙にオスと異なり、紫外線を反射しているのです。オスはその光に導かれ、メスに向かって飛んでいくのでしょう。そのように考えると、この地球はひとつですが、生物の種の数だけ異なって見える世界が広がっているのかもしれません。

③ 海 を 巡 る 豊 か な 考 察

生命を隔てる海が

陸上の生物にもたらしたもの

　海の中の話をずっとしてきましたが、今度は陸に上がってみましょう。いま地球上を見渡すと、どんなに過酷な場所だとしても陸地さえあれば生命はその環境に適応して生きていることがわかります。微生物、昆虫、植物や小動物はもちろんのこと、大型動物もエサを求めて移動しながら新たな環境に適応して棲みかをつくって生きています。

　陸地に住む生物にとっての海とは——？　特に足で移動する動物にとって、海は移動を制限するものに他なりません。海は生命が陸地に上がったその時から、生命を生み出す場所であると同時に、生物を断絶する障壁にもなりました。大陸それぞれで独自の進化、発展を遂げてきた生態系を見れば明らかなこと。比較的最近になって生物が進出したとされるガラパゴス諸島を見ると、深い海に断絶された世界で生物がどのように進化し、繁栄を手に入れてきたかを垣間見ることができます。

　チャールズ・ダーウィンが進化論の着想を得た場所の1つでもある、南米大陸から1000メートルも離れた絶海の孤島。海底火山の噴火によってできたこの火山島に、最初に上陸したのはやはり植物でした。鳥が糞を落としてくれたのか風が運んでくれたのか。まずは種がどこからか飛んできて、雨水がなくても生育できるサボテンのような強い植物が根を張りました。それらは光合成をして有機物をつくり、土壌をつくり、有機物を分解してくれる微生物を繁栄させたことでしょう。そこにカモメなどの海鳥がやってきたり、イグアナの祖先のようなものが丸太などの漂流物に乗って到達。ねずみなどの齧歯類もおそらく、漂流物に紛れて偶然ガラパゴスに辿り着きまし

た。現在ガラパゴスに棲むコウモリや、昆虫のなかには台風や気流の力を借りて思いがけずに到達した種もあるでしょう。卵の状態で流れ着いた爬虫類もあったかもしれません。これらの生物は、定着していたサボテンなどの植物を食べて生き延びながら、固有の生態系を築いていったのです。

　ただガラパゴス諸島には哺乳類はほとんどいません。特に大型の哺乳類、熊や牛、ヤギみたいなものが存在しないのです。足で移動する大きな生き物は、海に囲まれたこの島に招かれることがなかったからです。海に断絶された島だからこそ形成された独自の環境。今なお新しい進化の最前線にあり、固有の生命が広がるガラパゴス諸島は、世界の生き物好きを虜にして止まない聖地なのです。

ダイナミックな海流が生んだ

生命のパラダイス

　湧昇のことを覚えているでしょうか？　海底のミネラルを表層に持ち上げ、植物性プランクトンに届けてくれる海の動き。海からすべての生物への贈り物のことです。ガラパゴス諸島でも、この湧昇による恩恵が隔絶された生命を支えていました。

　火山活動によりガラパゴス諸島が誕生したのは約500万年前。地球史を考えるとまだデビュー間もない島です。島自体は溶岩大地で真水はほとんどありません。雨も本当に少なく、海から得られる資源がその生態系を支えているといっても過言ではないでしょう。ガラパゴス諸島は、非常に深い海に囲まれています。そこに東西南北から4つの海流が流れ着き、なかでも西から来るクロムウェル海流と呼ばれる非常に冷たい海流が島に突き当たって、下から上へと勢いよく昇っていき、海底の栄養分を海の表層まで運んできてくれます。豊富な植物性プランクトンと、それに頼る動物性プランクトン。ここからガラパゴス諸島を生命のパラダイスへと導いたリレーが始まっているのです。ウミイグアナなどの陸上生物

もまた、海でよく育つ海藻や小さなカニなどを
餌にし、陸上へと豊かな環境をつないでいま
す。海流のいたずらのような湧昇によって、生
態系が繁栄する準備が途切れることなく整え
られているのです。

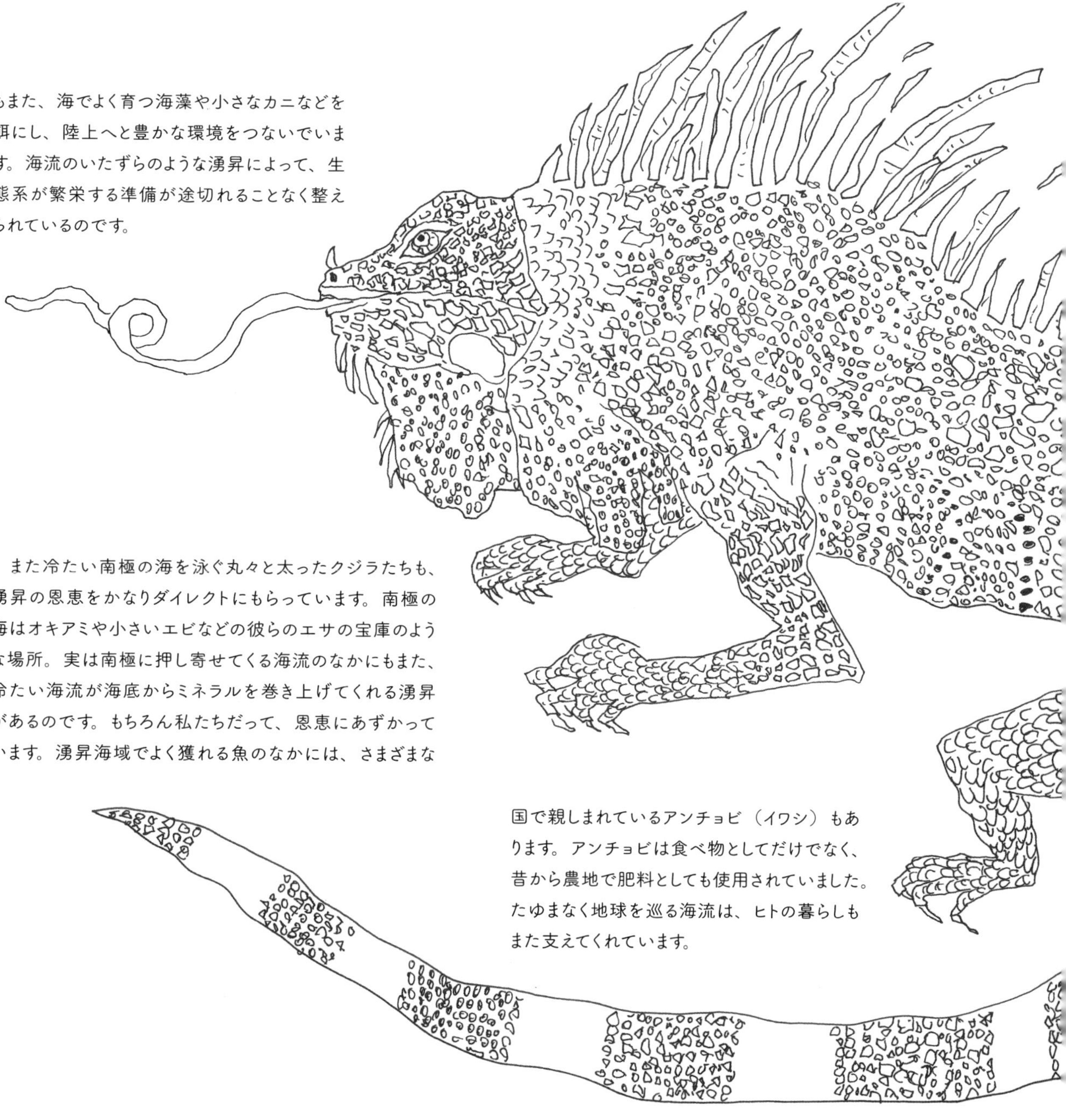

　また冷たい南極の海を泳ぐ丸々と太ったクジラたちも、
湧昇の恩恵をかなりダイレクトにもらっています。南極の
海はオキアミや小さいエビなどの彼らのエサの宝庫のよう
な場所。実は南極に押し寄せてくる海流のなかにもまた、
冷たい海流が海底からミネラルを巻き上げてくれる湧昇
があるのです。もちろん私たちだって、恩恵にあずかって
います。湧昇海域でよく獲れる魚のなかには、さまざまな

国で親しまれているアンチョビ（イワシ）もあ
ります。アンチョビは食べ物としてだけでなく、
昔から農地で肥料としても使用されていました。
たゆまなく地球を巡る海流は、ヒトの暮らしも
また支えてくれています。

断絶の海、だけどヒトにとっては大きな通路

　陸上の生物にとって海が自然のバリアのようなものだったとして、ヒトにとってはどうだったのでしょうか。ヒトはかなり昔から木材で船をつくり、大海原を旅していました。風向きを利用できる航海技術と星を見て方角を読む知識、そして水や食料さえあれば、海によって隔てられた遠くの島や大陸にまで移動することができたのです。エンジンや動力が発明される前、それこそ人類の最初の海の旅がいつだったのかが研究テーマとなるほど昔から、人類は海を旅してきました。今でこそ離れた大陸に向かうには飛行機による移動が盛ん

ですが、かつては海の向こうにこそ新天地が拓けていたのです。
　そもそも陸地にしても山脈や大きな川のような極端な地形の変化は、移動の妨げであり、社会を形成して生活する人間にとっては集団と集団を大きく隔てるものでした。そのような時代、歴史を辿ってみると、海も文化をつないだ通路になっていたことがわかります。たとえば日本の奄美大島にある、嘉徳村と呼ばれる小さな集落。陸側から訪ねようとするとものすごい細い山道を延々と抜けないと辿り着けません。とこ

ろが嘉徳村から細い道を通って林を抜けると、視界に広が
る大きな海があるのです。嘉徳村は陸側から人が移動してき
たのではなく、海側からのアクセスが良さにより、船に乗っ
て辿り着いた人が住み着くようになったといわれています。
　1000 年以上も昔に、生きる土地を求めて海を渡り、ノル
ウェーからアイスランド、グリーンランド、そして後に北アメリ
カに到達した北欧のヴァイキングの逸話も有名ですよね。馴
染み深いメルカトル図法で描かれた地図上では、どの国も
海を間に挟み遠く離れて感じますが、地球儀で見るとそれぞ

れの土地は航海するのに理にかなったルートであることがわ
かります。かつてのヨーロッパでは、海からのアクセスが良かっ
た入り江を拠点とし、船を使用してほかの地域と盛んに交易
していたといわれています。今の私たちには想像もつかない
くらいの大冒険だったことでしょう。もしかしたら生涯をかけ
た一方通行の旅だったかもしれません。それでも海は陸の生
物を地理的に隔てる一方で、人類同士を文化的につないで
きたのです。

海を渡り、世界を巡った「藍」の青の物語

　海を渡ったヒトの交流は、同時に文化や文明の交流も促しました。イースター島のモアイ、マリアナ諸島のラッテ・ストーン、ポンペイ島のナンマトル遺跡なども、南太平洋にあるオセアニアの島々でかつて栄えた巨石文化を彷彿とさせ、海を渡った人々の存在を感じさせてくれます。海に囲まれた日本にもまた、海を通ってさまざまな文化が入ってきました。そのひとつの例に、藍染があげられます。

藍染とは藍などの植物から採れる、インディゴと呼ばれる色素を持つ染料で染める技術と、染め物のこと。この原料となる植物自体はぜんぜん青くないのですが、葉から抽出したエキスを布に付け、空気に触れさせると、みるみる酸化して綺麗な青になる非常に興味深い染料です。日本では江戸の頃には縁起の良い色として好まれ、明治の頃には海外からジャパン・ブルーとも称えられた馴染み深い色であり、染色技術でもあります。古くは飛鳥、奈良時代には、すでに藍

染技術があったとされています。

　そんな日本を象徴する色のひとつである藍染の青。その歴史を辿ると、人類最古の染料とされるほど深く、広い歴史がありました。藍染は世界各地で使用されてきており、インド、中国、そして約5000年前の古代エジプトやメソポタミア文明にまで遡れるといわれています。藍染はさまざまな文化を通過し、海を超えて日本に流れてきた文化なのです。

　現在、日本の藍染は徳島県を中心に生産されていますが、前述した奄美大島の嘉徳村にも、沖縄から伝わったとされる藍染の伝統技術があります。おそらくそれは中国大陸から台湾を介して沖縄に伝わり、それから奄美諸島、そして九州の鹿児島あたりを通って、最後に瀬戸内海から徳島に行き着いたのではないでしょうか。日本に辿り着いてからも藍染は、海が用意してくれた青い通路を辿って伝播していったのでしょう。

④ 生命の故郷を未来につなごう

自然の砂浜は一番身近な

生命のゆりかごだった

　サラサラの砂、時にゴツゴツとした小石もある、自然のままの砂浜。目の前に広がる大きな海に向かって裸足で踏み込むと、一瞬で忘れられる日常生活──。自然の砂浜はバカンスへの入り口であるとともに、塩水と淡水、そして海と陸の生き物たちの出会いの場でもあります。ところが手つかずのままの自然の砂浜は、ここ日本でもとても少なくなっています。多くが護岸工事によってコンクリートで固められ、海と陸をつなぐ自然のグラデーションが見られる場所は多くありません。

　実はこれ、生物学的には大問題！　水深が浅い沿岸からは酸素が常に攪拌されて供給され、陸側からは栄養素やミネラルが流れ込む、豊かな汽水域。砂浜や干潟、遠浅の海など、特に河川からの淡水と海からの塩水が出会う場所は、生命の多様化を促すとても大事な場所だったのです。

　そもそも小さな藻類や植物性プランクトンにとって、深い海は生育しにくい場所です。なぜなら足場としてくっつく岩場がなく、海流ですぐに流されてしまうから。そういう意味でも海水域と淡水域のあいだ、自然の海岸線は、食物連鎖の出発点であるプランクトンにとって恵まれた環境であり、生物がよく育つもうひとつの生命のゆりかごとなっていました。

　栄養豊かで高い生産力がある汽水域には、小さな貝や釣りの餌に使われるゴカイなどの水生生物、またそれらを食べる鳥などが集い、食べる、食べられるの食物連鎖へとつながっていきます。こうした豊かな生態系をよみがえらせるために、自然海岸を復活させる取り組みも少しずつ始まりつつあるようです。それは私たちにとって、もっとも身近な生命のゆ

りかごを守り、生物多様性を次世代へとつなげる取り組みともいえるかもしれません。

地球温暖化にも影響する

海のキャパシティー

　海は絶え間なく大きな"呼吸"を繰り返しています。呼吸を司る重要プレイヤーは、たびたび登場している植物性プランクトンや藻類。大気中の二酸化炭素が海に溶け込むと、これらの光合成生物が二酸化炭素を有機物に変え、その副産物としてできた酸素の一部を海中に放出してくれます。海は人間活動によって排出された二酸化炭素の約20％を吸収し続けているともいわれ、温室効果ガスによって地球上にこれまでこもった熱のなんと90％以上を吸収しているとも！大気中の二酸化炭素の上昇とそれにともなう気温の上昇を、海が、そして光合成生物が、大きく抑えてくれているのです。

　ですが近年の気候変動によって海そのものの温度も、徐々に上がりつつあります。日本近海の温度はこの100年で約1.16℃上昇。21世紀の間は世界中の海洋温度が上がり続けるといわれ、もしも有効な気候変動対策をとらなかった場合、今世紀末までに現在より約2.0℃も海水の温度が上昇するという予測も出ています。

　海水の温度が上昇しすぎると、海の呼吸サイクルと、食物連鎖で成り立っている現在のエコシステムを乱す原因につな

がっていきます。暖流と寒流の循環が阻害されて、海のダイナミックな流れが変わってしまうのです。冷たい海流──それは植物性プランクトンにミネラルを与えてくれる湧昇の発生に欠かせないもの（p014）。湧昇が発生しにくくなれば、植物性プランクトンも減ってしまいます。そうすると吸収されるはずだった大気中の二酸化炭素が減らないばかりか、酸素の生成量も減り、温暖化がさらに加速する可能性があります。まさに悲しい、負のスパイラルです。

　この残念な循環を発生させないためにもっとも大切なのは、海が長い時間かけてつくってきた海本来のダイナミズム、海流の循環を維持し続けること。でもこれは人間が簡単にコントロールできるものではありません。植物性プランクトンが必要とする栄養素を補うために、海に鉄を撒くプランもありますが、有効な策かどうかはまだわからないところ。こうした海の変化を観察でき、行動に移せるのは地球上でも人間だけです。海のために私たちができることを、見つけていかなければいけません。

関連：p168, p176（空の章）、p189（虹の章）

海中の豊かな社交場

サンゴ礁も危ない

　海の中でも特に多くの生物が集まり、生物多様性に富んでいる場所はどこだか知っていますか？　沖縄などの暖かい地域の海に潜った経験がある人なら、きっとそのカラフルな色彩と神秘的な造形に目を奪われたはず。そう、答えはサンゴ礁です。

　サンゴ礁はサンゴの骨格や他の生物の骨や殻が、長い年月をかけて積み重なってつくられた海の中の地形のこと。海全体の約0.2％の面積しか占めていないのにも関わらず、海でもっとも生物の多様性に富んだ生態系があり、そこには9万種もの生物が棲んでいるといわれています。その中にはバクテリアもいれば、小さな貝やサンゴ礁を隠れ蓑にする小魚たちも。それはなんと海洋生物全種の1/4〜1/3にあたる数。それぞれ賑やかに共存しながら、まるで1つの街のように豊かでさまざまな生態系を築いています。

　サンゴが真っ白に変色する「白化現象」に襲われているのは、よくニュースでも聞きますよね。サンゴは、体内に共生する褐虫藻が光合成でつくり出した栄養をもらって成長する動物です。海水温の上昇や海水の汚染などが進むと、サンゴの中に住むこの褐虫藻が大幅に減ってしまい、サンゴの骨格の色が透けて真っ白に見えてしまうのです。褐虫藻から養分を得られないサンゴは、その状態が長く続くとやがて死に至ってしまいます。最近では海の二酸化炭素濃度が高まることによって海の酸性化が進み、サンゴの骨格が適切に形成されない問題も指摘されています（石灰化の阻害）。またサンゴと褐虫藻の共生関係が、次にお伝えするマイクロプラスチックによって阻害されていることもわかっ

てきました。

　国連環境計画（UNEP）は、国際社会がこのまま化石燃料に依存し続けると、2034年には世界中の海で白化現象が常態化し、サンゴ消失の危機が高まると警告（2021年2月）。あの美しい色も、不思議な造形も、何より海洋随一の豊かな生態系を抱くサンゴ礁までもなくなってしまうかもしれないのです。サンゴの保護活動や養殖も行われていますが、気候危機や海洋汚染の改善、海洋環境に負担をかけるような埋め立て行為など見つめ直す取り組みも大切です。

海と生命を渡りゆく
マイクロプラスチック

　海の章、最後のお話は、特に私たち自身の手で改善につなげられるかもしれない海の問題です。耳にすることも多い「マイクロプラスチック」。マイクロプラスチックは5ミリ以下の微細なプラスチックのこと。自然環境に捨てられたプラスチックゴミが劣化して細かくバラバラになり、マイクロプラスチックと呼ばれる小さな破片になります。海や川に捨てられたプラスチックもあれば、陸地で捨てられたものが太陽光などで粉砕された後に海に流れ着いてしまう場合も。また、洗顔料や歯磨き粉、洗剤の中にも、研磨剤として5ミリ以下のプラスチックが含まれているものもあり、それらは下水処理をすり抜けて海にまで流れつきます。

　現在、世界の海には少なくとも5兆個以上ものマイクロプラスチックが漂っているといわれています。さらにこのままだと海の中にいる魚よりもプラスチックのほうが多くなるとも！　マイクロプラスチックの怖いところは、海中に漂う有害物質を吸着しやすいことです。なかでも危険視されているのが、マイクロプラスチックに付着するダイオキシン類やPCBといった発がん性物質。またプラスチックそのものにも、紫外線吸収剤や添加物、内分泌撹乱物――いわゆる環境ホルモンなど、人体に好ましくないものが含まれています。

　海の生物たちはそれと知らずに、パクリ。動物性プランクトンや小さな魚たちがエサと間違えて、汚染物質と一緒になったマイクロプラスチックを食べてしまっているのです。そしてそれを中くらいの生物が食べ、さらに大きな生物が食べ、食物連鎖によって有害物質というバトンがリレーされ、生体内に蓄積されていく可能性が指摘されています。人体への影響はまだはっきりとはわかっていませんが、マイクロプラスチックの摂取は、小さな生物たちの摂食障害や炎症反応などにつながる場合があり、海の生態系バランスにも影響を及ぼす可能性も。そして、忘れてはならないのが、そのリレーのバトンを最終的に受け取るのはヒト。ヒトの生活から出たプラスチックが最終的にヒトの体内に戻ってくるという、残念な循環を生んでしまっています。

海 talk

NOMA × 福岡伸一（生物学者）

NOMA　海の中ってまるでもうひとつの惑星のよう。陸上でも見られないような生態系や生き物のシステム、何十億年もの生命の歴史を陸上の生活とはまた違う感覚で、厚みをまして見られるように感じています。楽しさと、自分の故郷に連れ出してくれるような感覚。でも同時に深海や夜の海にはあまりにも未知な世界であることへの畏れや、海の生命に対する緊張感も感じたりして。

福岡　人間にとって宇宙はフロンティアですけれど、海の中のこともほとんどわかっていません。海は地球の70%を占めている自然そのものの存在。ですからそこに未知のものを垣間見る楽しさと同時に、恐怖を感じるというのは、私はある種正しい感覚であると思います。私もガラパゴス諸島の海を泳いだときに同じような感覚を体験しました。海にそびえ立つ巨岩の間の細い通路のような、深海何百メートルもある海。中を覗くと色とりどりの無数の魚。その下で大きな亀が海藻を食べていたり、畳くらいあるイトマキエイのようなものが泳いで

いたり……まさに生命の楽園でした。海そのものがひとつの大きな生命体だとも感じられたし、自分が生きていることと海が生きていることが、そういう形でつながったのは非常に大きな体験でしたね。でもやっぱり泳ぐ前の怖さ、緊張感はあったし、その楽園を息も絶え絶えにしか泳げない人間のある種の非力さも感じました。

NOMA　「畏怖」という言葉がもっとも近い感覚だと思うんです。私は自然観察や野遊びが大好きで周りから野生児と呼ばれたりもしますが（笑）、自然は大好きであると同時にちょっとした怖さや緊張感も感じます。その気持ちにはリスペクトも含まれている。でもこの畏怖する感覚が、自然との本来の適切な距離、バランスを取るセンサーでもあるんじゃないかなというふうに感じるんです。

福岡　それは100%賛同します。「センス・オブ・ワンダー」という言葉の「ワンダー」には、驚きと同時に、畏れも含まれています。ギリシャ語で「本来の自然」という意味でピュシスとあるのですけれど、ピュシスとしての自然はコントロールできないものだし、いつどんな形で襲ってくるのかもわからない。そして必ず生命は死ぬという有限性のなかにあります。有限であるからこそ、生命は輝くし価値を持つ

素潜りで見る海の中は、まるでもうひとつの惑星みたい―NOMA

ガラパゴスの海の中は、まさに生命の楽園でしたよ―福岡

わけですよね。だからピュシスに対しては常に畏れと驚きを持っていなければいけないと感じています。一方で人間は非常にロゴス的な生物でもあります。これもギリシャ語で、ロジック、言葉でつくりあげたものと言ってもよいと思うのですが、人間はこのロゴスによってある種、文明と文化の自由を獲得してきたわけです。でもテクノロジーも含むロゴスによって、ピュシスのすべてをコントロールできるわけではありません。人間はロゴス的でありながら、ピュシス的である。その矛盾、対立を知りながら、センサーを持ってそのバランスを取ることが大切なんでしょうね。

NOMA　そもそも、私たち自身がピュシス的な存在であることを、まず忘れたくないですよね。海の章を通して、私たち自身が海から来ていること、私たちの体にこんなにも海の記憶が残っているんだということを、改めて感じました。14、15年前くらいから体調を整えるために、タラソテラピーという海洋療法を取り入れているのですが、施術を受けると体内の水分バランスや肌の艶が一気に整ったり、粘膜の通りが良くなるんです。素潜りもですけれど海とつながることによって、実際にリラックスできたり、体調が整ったりするのは、やっぱり生命が海から始まっていて、私たち自身が自然の

一部であるからこそなのかなと感じています。

福岡　もっとも身近な自然はどこにあるかというと、自分自身の身体なんですよね。身体、つまり生命現象というのは、いつ生まれてくるか、いつ死ぬか、いつどんな病気になるかといったことが、一切コントロールできないものとして「自然」があるわけです。生きていること自体が「自然」というのが、まず大前提になると思います。自然としての身体は生態系というか、動的平衡と私は呼んでいますが、ある種のバランスの上に立っています。それは海もそうだし、地球全体もそう。一緒なんです。

NOMA　地球の環境問題も、私たち自身の健康問題も、ピュシスとロゴスのバランスの取り方がこれからカギになってきそうですね。ピュシスもロゴスも両方大切だと思うけど、今はちょっとロゴスに偏り過ぎているように感じます。自然に対してリスペクトのある距離感をもっと取り戻せたらいいなと改めて思います。私たち生命の故郷をきれいな姿で未来に残したいし、今度先生がガラパゴスに行くときは絶対にご一緒したいし！

福岡　ガラパゴスの旅は大変でしたよ。毎日、水シャワーでしたしね。でもNOMAさんは野生児だから大丈夫そうかな。生物学者のお母さまも一緒にぜひ行きましょう。

ロゴスはピュシスをコントロールしきれない。これは大事な原則です—福岡

目には見えない彼らは
私たちより遥か昔に
この惑星で生命の営みを始め
全球を覆い尽くし
今日も静かに脈動中
そんな彼らの活躍は
素晴らしく
愛おしく
時に虞れ（おそれ）となる
すべては適材適所

可視化できないこのネットワーク
感じることに、私たちは
どれほど近づくことができるだろうか

監修：**鈴木智順、小倉ヒラク**
取材協力：マリア・グロリア＝ドミンゲス ベロ

\<Science\> ① 見えない微生物のネットワーク
\<Science\> ② 運命共同体な微生物とヒト
\<Culture\> ③ 微生物をいただく発酵食文化

微生物

土壌から海、空気、生物の表と内
惑星地球にはすべてをつなぎ
ネットワークのように働く存在がある

<Science>

① 見えない微生物のネットワーク

微生物の住処は世界中

ほら、今そこにも！

　キレイに片付けられた清潔な家。消毒された安全な水道水。コンクリートに舗装され整然としたコミュニティ——。人間社会、特に都市部に住む人の多くは、自然のものに触れる機会がほぼない日々を送っています。ところがひとたび身の回りのホコリや、水周りの環境を分析してみると、そこには多くの微生物がひしめいているのがわかります。それらは空気中にも、土壌にも、はたまた水中、岩石、植物や動物にも存在していて、もちろん私たちの肌や体内にもいます。人間の目には見えないため無視されがちな微生物。けれども彼らは地球上のありとあらゆる場所に存在していて、それぞれの環境やそこに棲む生物と絶妙なバランスを取り合って共存しています。

　微生物は、私たちの健康に必要なものから、病気にしてしまうものまで多岐に渡ります。ウィルス・細菌・真菌と聞くと、真っ先に想像してしまうのが、バイキンである病原菌。しかし微生物のすべてが病原体になるわけではなく、私たちの体内に棲みながら健康に貢献してくれるものもたくさんいます。例えば海の章で紹介したシアノバクテリアは、今も二酸化炭素を使って呼吸に欠かせない酸素をつくってくれています。私たちの腸内にも無数の微生物が棲んでいて、消化を助けてくれるものや、免疫を強くしてくれるものもいます。

　本章は、これら微生物が主役。環境の中での働きから、切っても切り離せない私たち人間と微生物との関係性、そしてキッチンで大活躍する微生物からの恩恵、発酵食品のことまで。目に見えない微生物の世界を渡り歩いていってみましょ

う。ただ多種多様な微生物の中で、人間が知っているものは未だ全体のわずか1％程度。この章で紹介するさまざまな微生物たちも、氷山の一角にすぎないのです。

関連：p020（海の章）

すべての生命の傍らに

いつも微生物がいてくれた

　細菌（バクテリア）、古細菌、真菌、ウィルス、原生動物。これらはほぼすべてが顕微鏡を通さないとよく見えない微小な生物。私たちはそれらをまとめて微生物と呼んでいます。けれども、どんなに小さい生物でも、生物分類学的にはそれぞれまったく別のもの。まずバクテリアと古細菌は、細胞核を持たない原核生物です。原核生物より10倍も大きくて細胞に核を持つのは、真核生物。キノコやカビなどの真菌や、原生生物、そして、動物や植物の微小生物もそこに属しています。ウィルスは環境からの刺激に応答せず、代謝や自力での複製もできない微生物とはまた別の分類群となります。

　これらの微生物と他の生物は、敵対関係だけでなく、互い

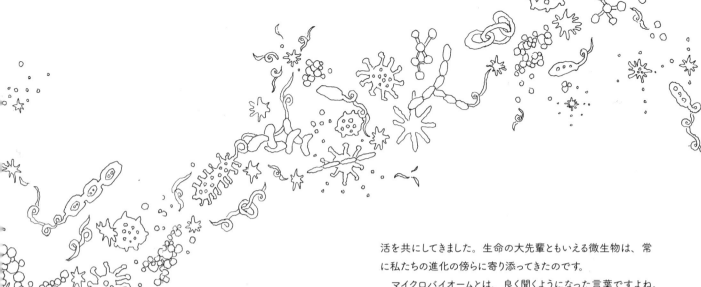

活を共にしてきました。生命の大先輩ともいえる微生物は、常に私たちの進化の傍らに寄り添ってきたのです。

　マイクロバイオームとは、良く聞くようになった言葉ですよね。マイクロバイオームは生きた微生物の集合と、それらの遺伝情報を含む微生物叢（びせいぶつそう）のこと。実はすべての生物には、それぞれの生物に固有のマイクロバイオームが定着しているのです。マイクロバイオームは宿主と微生物が長い年月をかけてつくりあげていったもの。私たちの腸内細菌叢も昨日今日その組成ができたのではなく、人類と微生物が長い時をかけてコミュニケーションを繰り返し、つくってきたものなのです。

関連：p020-023（海の章）

に協力し合う関係でも成り立っています。それはある意味、利他的な関係といっても良いでしょう。言い換えると、微生物の存在なくして生物は健康には生きられないのです。

　その理由は、生命の進化の過程を振り返ると明確に見えてきます。海の章をおさらいすると、最初の生命が誕生したのは約38億年前。そして、バクテリアや古細菌が生まれたのが約35億年前のこと。それから約20億年もの長い間、世界は微生物だけのもので、それらは地球の隅々を支配していました。

　微生物から始まった、奇跡のような進化の歴史。細胞内共生、単細胞の多細胞化……「海」の章を振り返ると思い出すように、現在のように多種多様な生物が繁栄する地球に、微生物の存在はなくてはならないものでした。それと同時に微生物という小さき存在のままで、生物の進化を見守っていた微生物も数多くいます。植物が生まれ、昆虫や動物が生まれた後でも、微生物は常にそれらを受け入れ、すべての生物と生

高速で進む微生物

でも成功率は宝くじレベル！？

　私たち人間や動物は、数世代をかけても到底進化と呼べる変異を獲得することはできませんよね。進化って今この時代もあるのだろうかと、ちょっと疑いたくもなってくるくらい。反対に微生物は進化のスピードがものすごく速いことで知られています。それはある点では人間にとって、とても厄介。病院などで抗生物質に耐性を獲得するバクテリアも数多くいます。彼らの進化の速さは、どのような仕組みで可能になっているのでしょうか？

　実はこれ、微生物の増殖スピードに関連するのです。自分の遺伝子を短時間でたくさん残せる強い生命力。これこそが彼らの進化の速さのカギとなっています。

　たとえば宿主がいないと複製できないウィルスは、もともと生きていく上で必須な遺伝子をあまり持っていないので、いわゆる突然変異をしたものが生き残りやすく、その時々の環境に見合ったものへと柔軟に進化していけます。新型コロナウィルスの変異株が驚くスピードで登場しているのには、この

ような背景があります。

　ウィルス以外の微生物は、もう少し進化に時間がかかります。必須の遺伝情報がウィルスよりも多い分、偶然の変異が失敗に終わる可能性が高くなってしまうのです。とはいえ私たちヒトよりも増殖スピードが比べられないほど速いので、変異もたくさん起こります。微生物の進化とはまさに宝くじを何枚も買って、当たりを多く手に入れているようなもの。そして進化につながる変異を持てる確率は、実は宝くじの成功率のようにほんのささやかなのです。

　ちなみに国際宇宙ステーションでも新種のバクテリアが発見されています。それは宇宙空間で植物の栽培に有用と期待される、土壌に棲む細菌だそう。人間と共に宇宙に飛び立ちながらも、これまでは人類に知られずにいた、新たな環境でも生きられる細菌となったのですね。

関連：p142（星の章）

土の匂いの正体
放線菌

雨上がりにほのかに香る土の匂い。実はこれ、土中に多く棲んでいる放線菌に由来するもの。また放射菌は落ち葉や枯れた植物などの有機物を分解してくれる生態系の掃除屋さんでもある。土の材料、腐植づくりにも欠かせない微生物。

植物への栄養補給係
窒素固定細菌

植物の成長に欠かせない窒素化合物。窒素固定細菌は空気中に存在する窒素ガスを土中に取り込み化学変換し、植物の栄養源に。日本の水田によく浮いている、アカウキクサの裏側にも多く生息し、水田の水を抜いて中干ししたときに窒素固定細菌が土壌に移り、土への栄養補給に。自然に存在する微生物を上手に生かせば、化学肥料に頼らずとも豊かな土がつくれる例。

怖いけど役に立つ
緑膿菌

緑膿菌は自然環境から人体にまで広く分布。健康な人にはほとんど害はないが、免疫力が低下した人には深刻な感染症を引き起こす、ちょっとやっかいな細菌。でも実は、水俣病の原因となった有害なメチル水銀を揮発性の金属水銀に還元し、土壌から除去してくれたり、水環境の富栄養化の原因となる窒素化合物を窒素ガスにして除去してくれたりと、環境浄化にも役立っている。

環境中の気になるスーパー微生物

　自然の中には、私たちにはないスーパーパワーを持った微生物がたくさん！現在の地球環境があるのは、彼らのおかげといっても過言ではないくらいです。これまで人類はそれほど微生物との共存を深く理解し、活用しようとはしてきませんでした。でもこれからは彼らと協力する時代。近い将来、環境保全にもつながりそうな微生物をいくつかご紹介しましょう。

ご遠慮したい太らせ菌
ファーミキューテス類

ファーミスキューテス類の細菌は、私たち自身が分解できない食物や食物繊維を積極的に分解して、ヒトの栄養源にする。この細菌がいると少量の食事でも効率よくエネルギーが得られる燃費の良い体になる。役立つように感じるけれど、栄養の過剰摂取につながりがち。普通の人と同じ食事量でも、太りやすくなってしまい"太らせ菌"とも呼ばれる。

清潔感の大敵!
ウエルシュ菌

腸内細菌叢がウエルシュ菌などの悪玉菌に偏っていたりすると体内で生成されるのが、ツンとしたニオイのするアンモニア。体臭がきつくなったり、嫌なニオイの呼気となることも。特にウエルシュ菌がつくる毒物、フェノール類は便とともに溜まり、またそれが血液を巡ると肌荒れの原因にも。便秘をすると吹き出物が出やすくって肌荒れになる、というのはウエルシュ菌の仕業。

お肌の潤いを守る
表皮ブドウ球菌

皮膚表面にひしめく表皮ブドウ球菌は、まさに肌の守り手。汗に含まれる脂質を分解し、脂肪酸やグリセリンをつくってくれる。脂肪酸は肌を弱酸性にし、時に悪さをする日和見菌が棲みづらい環境に。グリセリンは肌の保湿剤としても働いてくれる。また抗菌ペプチドという物質もつくり、悪玉菌の増殖も抑えてくれる。なお石鹸などで除菌されてしまう。

ヒトと共存する話題の微生物たち

　善玉菌、悪玉菌、そして日和見菌。ヒトの体には健康に貢献してくれるものから、病気にするもの、何もしない常在菌までたくさんの微生物が棲んでいます。そのなかでもおもしろい働きをするのが上のような微生物たちです。仲良くしたい微生物もいれば、できればお暇お願いしたい微生物も。今日の体調、肌の状態に、どんな微生物が関わっているか、微生物の声に耳を澄ませてみてください。

その知性はどこから?

粘菌の不思議

　他の微生物とは生物学的にも文化的にも少し立ち位置の異なる、不思議な微生物も紹介しましょう。一生で大きく姿を変え、ときに可愛く、ときに鮮やかに、そしてときにちょっと気持ち悪い姿も見せてくれる粘菌です。粘菌はその名前からキノコなどの真菌類の仲間と思われがちですが、別名を変形菌類ともいいアメーバ生物（原生生物）の一種である多核単細胞生物。細胞はたった1つだけれど、その中にたくさんの核を持ち、核が分裂を繰り返して成長していきます。たとえばマメホコリという粘菌の場合、その核の数は数億個！これほど多くの核を持つ単細胞生物は、粘菌だけといわれています。

　粘菌の一生は胞子から始まり、発芽するとアメーバが現れて動き回りながらバクテリアや朽木などを食べて増殖。やがて網目状に伸びるネバネバとした変形体となり、その後、キノコのような形の子実体を形成して胞子を飛ばします。動物のようでもあり、菌類のようでもあり、植物でもあるような、多彩な一生を送るのです。

　冒頭で文化的にもと述べたのは、粘菌が、物質と生命の違いとは、知性とは、を問いかけてくる、なんとも哲学的な生物だから。生物・博物学者であり民俗学者でもあった明治時代の知の巨人、南方熊楠も粘菌に魅了され、その研究に生涯をかけたひとりです。現代、粘菌が一躍脚光を浴び

たのは、「粘菌がパズルを解く能力を持っている」という研究結果が発表されたことから。粘菌の一種、モジホコリの変形体が迷路を最短距離で解く様子は、彼らに知性があるかのように見えるものでした。

　最近ではそのような粘菌の性質をコンピューターに応用する研究も進められています。たとえば「セールスマンが複数の都市を最短経路で回るには？（巡回セールスマン問題）」などという、現在のコンピューターでは解くのに非常に時間がかかる問題も、並列に情報を処理できる粘菌は、時間をかけずに解くことができるといわれています。これら性質はもしかしたら粘菌が持つ、単なる習性に過ぎないのかもしれません。でも、だからこそ、脳を持たない彼らから「知性とは何か」を問いかけられている気持ちにならないでしょうか。

　ちなみに粘菌は意外と身近にいて、肉眼で見つけられる微生物です。公園の落ち葉をめくると粘菌が這った跡や、美しい模様を描く変形体や丸い頭を持った子実体と出逢えるかもしれません。

世界を回しているのは微生物！

　自然環境のさまざまな物質の循環には、微生物が大きく関わっています。微生物がいないと地球のエコシステムは回らなくなってしまうほど。温室効果ガスの中でも影響が大きいといわれている二酸化炭素やメタンの循環。空気中の主成分であり、植物の成長に欠かせない窒素の循環も見逃せません。

　二酸化炭素の循環にはたびたび登場している、シアノバク

テリアなどの光合成微生物が多大な貢献をしてくれています。では二酸化炭素よりも約25倍も温室効果があるメタンはどうでしょうか。最近では牛のゲップからメタンを減らす試みまであるほど、問題視されているメタン。実はゲップから出るメタンは、古細菌という微生物の働きによるものです。でも有機物をメタンとして海底に大量に固定して、空気中への放出を抑えてくれている仕組みにも、この古細菌は関わっています。

海の有機物はさまざまな生物によって小さなものに分解され、マリンスノーと呼ばれる雪のように見える有機粒子となって海底に降り積もります。水圧が高く酸素もない海の底。そんな極限の場所で働いているのが、嫌気性のメタン生成古細菌。せっせとマリンスノーを食べて代謝し、メタンを生成。こうしてできたメタンは、低温と水圧によってメタンハイドレードと呼ばれる氷に閉じ込められた状態になり、海底に固定されます。またメタン酸化細菌というバクテリアは、メタンを取り込んで二酸化炭素と水に変えて、環境中に戻してくれてもいます。

窒素の循環で活躍しているのは、49ページでも紹介した緑膿菌の仲間。窒素化合物は植物の栄養源となる一方で、人間の生活排水や工業排水にも含まれています。適切な汚水処理がなされないと、水中でプランクトンが異常に増殖するアオコや赤潮の原因となって生態系にダメージを与えることも。緑膿菌は人間が排出する汚水から、「脱窒」と呼ばれる嫌気呼吸プロセスによって窒素化合物を窒素ガスに変換して、空気中に放出してくれます。このパワフルな緑膿菌の浄化作用によって、窒素化合物が水中にとどまるのを防いでくれ、植物性プランクトンが増殖しすぎないようにしてくれているのです。土の中でもこのプロセスは同様です。緑膿菌といえばヒト常在菌。免疫力の落ちた人にとっては害ともなる菌ですが、自然環境の中では、大切な役割を持っています。微生物も人と一緒で、適材適所の場所があるのです。

旅する微生物。

砂に乗って地球を巡る

小さな小さな微生物は、実は地球規模の旅をしています。その乗り物は、これまた小さな砂の粒。たとえば春頃になると東アジアで観測される中国からの黄砂。航空機などの視界を悪くしたり、家や車に降り積もったり、花粉症やぜんそくの症状を悪化させたりと、あまり歓迎されていない黄砂ですが、微生物にとっては絶好の乗り物のよう。黄砂の非常に小さい砂粒を乗り物として、数千キロを旅する微生物がいるのです。それは太平洋を超えて、ときに北アメリカまで到達することも。また同じようにアフリカのサハラ砂漠に棲む微生物も砂に乗って、大西洋を渡り、アメリカ大陸まで旅しているそう。これらの微生物がどのようなものなのかは詳しくわかっていませんが、人体に悪影響をおよぼす病原菌やウィルスであることもあれば、納豆菌のように無害なものもあるようです。

しかも旅する微生物たちは、もしかしたら空の上で途中下車をしているかもしれません。実は空に浮かぶ雲の核になっているのでは、と考えられているのです。雲は無数の水滴の集まりですが、水分子が集まるにはなにかしら核のようなものが必要です。風に乗って上空に舞い上がった砂粒や微生物が核となって、雲をつくっているのではないかと考えられています。やがて雨が降り始めると、微生物は海や地上へ。そうやって世界中へと微生物は広がっていきます。

ちなみに砂塵に含まれる栄養塩やミネラルは、他の陸地に運ばれると土壌を栄養豊かにしてくれ、海に降り注げば植物性のプランクトンの栄養源にもなります。旅先に到着した微生物も、そこでなにかしらの働きを新たに見出していることでしょう。黄砂にはあまり良いイメージが湧きませんが、地球上では確実に微生物や栄養素の循環に寄与しているのです。

<Science>
② 運命共同体な微生物とヒト

ヒトは1人では生きられない！
100兆個もの同居人

　人間の体を構成するのは、約30兆から100兆個の細胞。これほどたくさんの細胞が一糸乱れずに協力し合い、役割分担しながら私たちの体を生かしてくれている——それは驚異的な調和です。でも微生物も同じだけ、もしくはそれ以上に多く私たちの体に共生しているのは知っていましたか？　その数、1000種類、100兆個以上！　皮膚や口腔、鼻腔、消化管、泌尿器や膣……微生物は全身のさまざまな場所で集団（細菌叢）をつくり、環境や体内のバランスを保ちながら、私たちと共生しています。

　「私」とは、歩く微生物の集まりなのか!?と、思うほどの膨大な数。もはや個人とは、微生物も含む人間全体のことであって、それらの細胞すべてが個人の健康を左右するものとして考えなければならない時代がやってきているのです。

　これら共生する微生物は、体内に侵入して感染症などを引き起こす病原菌と区別し、常在菌と呼ばれています。たとえば皮膚には約1000種類もの常在菌がいて、皮膚表面を弱酸性に保つことで外からの病原菌の侵入を防いでくれています。口の中にも約700種類、2000億個の細菌が棲んでいて、普段は歯の表面で集団をつくり、病原菌の定着を防いでくれています。基本的に良い関係を結んでいる人間と常在菌ですが、常在菌がいつもおりこうさんかというと、そうと決まっているわけでもなく……。たとえば歯磨きをサボったり、免疫が低下して口の中の環境が悪くなると、その中からむくむくと虫歯菌や歯周病菌が増えてきて、虫歯や歯周病になってしまうことも。

　そう、微生物と仲良く暮らすには、ちょっとしたコツやバランス、私たち自身の健康管理が必要となってくるのです。

　なかでも特に注目を集めていて、意識している人も多いのが腸内細菌叢。体の中でももっともたくさんの微生物が棲んでいる腸管内のマイクロバイオータです。腸内細菌叢は、代謝や免疫、メンタルヘルスなど、人体のさまざまな面に影響を及ぼしていることがわかってきています。私たちの豊かで健康的な暮らしを叶えるには、腸内の細菌たちがいかに心地良く暮らしてくれているかにかかっているともいえるでしょう。次からは腸内のマイクロバイオームの課題を通して、微生物とのより良い共生関係の築き方を探っていきます。せっかく共生しているなら、お互い心地良くありたいですもんね。

脳と腸は一心同体！？
腸と食と、健康のつながり

　私たちと共生している腸内微生物叢のバランスの乱れは、体調の変化の前触れとも考えられています。たとえばパーキンソン病は脳の病気だと思われがちですが、大部分の人は発症の十数年前から慢性的な便秘に悩まされていたといいます。同じように発達障害として知られる自閉症スペクトラムの人なども、便秘やほかの消化器症状が多く見られます。うつ病や睡眠時無呼吸症候群など、一見、脳やメンタルヘルスの問題であるかのような病気に対しても、腸内細菌叢の組成に変化が見られることがわかってきました。一概にどんな細菌が増減しているのかはそれぞれの病気によって異なりますが、全体の腸内細菌叢の多様性が、健康な人達よりもずっと少ないのです。

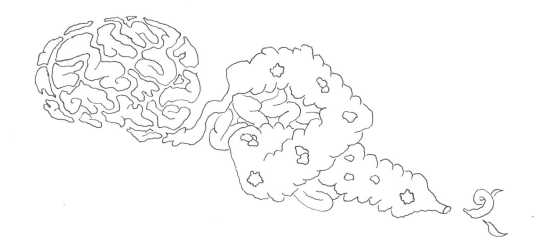

　これらのことから、体の中では離れた場所にある脳と腸は密接に関わっていることもわかってきました（脳腸相関）。脳と腸の神経細胞は迷走神経でつながっていて、ホルモンやサイトカインを使って頻繁にコミュニケーションを取っているのです。ですから、腸で何かが起こるとすぐにその情報が脳に伝達。反対に、脳で何らかのストレスを覚えた場合も、腸にシグナルが行きます。緊張やストレスでお腹が痛くなるのは、そのためなのですね。

　こうした知見から生まれたのが「腸活」。オリゴ糖や食物繊維など善玉菌の餌となる、プレバイオティクスを積極的に摂ったり、ビフィズス菌や乳酸菌などの生きた善玉菌を腸に届けようというプロバイオティクスという試みなど。その効果のほどはまだ研究中とのことですが、そのどちらも健康に良い微生物たちの住処を整えることを目的としています。腸内環境を整える働きがあることで、発酵食品も見直されています。

　人間社会の都市化とグローバル化によって、私たちの食生活もまた、様々な国の食文化であふれるようになりました。でも気づいたら同じ食材ばかり食べていたということも。そうなると腸内細菌もやっぱり多様にはなりません。また加工食品は食材の化合物構成をシンプルにしてしまい、腸内細菌叢の多様性にも影響することがわかっています。

　これだけ摂っていれば腸内細菌は大丈夫！ というものは、残念ですがまだありません。周りの自然環境と調和し、有機的に作られた野菜や果物、魚肉など非加工食品や、抗菌剤などの添加物が入っていないもの、発酵食品などをバランス良く食べることに敵うものはないでしょう。多様な食材をいただくこと。それが豊かな腸内フローラへと導きます。

暮らす場所でも変わる

我らのマイクロバイオーム

　住みたい街ってどんな街ですか。自然が多いところがいい？ でも清潔さや、安全さ、便利さもどうしても捨てがたいですよね。もしかしたら私たちと共生している微生物にとっての住みたい街は、私たちの希望とは異なっているのかもしれません。

　実は、都市部に住む人間の腸内細菌叢の多様性は、ア

マゾンやアフリカで暮らす人々と比べると彼らの半分以下だという研究結果が出ています。人はこれまで清潔な居住環境を望み、病原体のいない安全な水の確保に尽力し、飢えずにいられるように農地を開拓し、恐るべき感染症を治療する抗生物質を開発してきました。

一方でアマゾンやアフリカの暮らしを思い浮かべてみましょう。微生物がたくさん住む土や、森林環境と日常的に触れている暮らし。家の中を抗菌したり、殺菌する機会もそう多くないでしょう。抗生物質を体内に取り入れる機会も、私たちと比べると格段に少ないはずです。

彼らと比べると微生物と触れ合う機会が極端に少なく、むしろ共存する微生物を極度に選択される機会も多いのが、都市部での住環境やライフスタイル。今まで私たちの住む環境と常に共存していた微生物たち——悪さをするものはもちろん、健康に貢献してくれる良いものまでが姿を消し、今、その多様性が失われつつあるのです。それとの関係が指摘されているのが、多くの現代病や、免疫システムの異状や代謝障害など。世代を経るごとに、私たちは微生物の多様性を失い、同時にこうした病気が目立つようになってきました。

どの微生物が健康をもたらし、何をすればそれらの微生物とうまく共生できるようになるのか。住環境やウェルネスとの向き合いは、微生物との付き合い方もセットで考える時代となってきました。

微生物との出会いは産道で!

多様性はいつできあがる?

私たちと共生する1000種類、100兆個以上もの微生物。いったいいつの間に、彼らは私たちの体に棲み着いたのでしょう? それは生まれる瞬間にまで遡ります。

赤ちゃんは母親の産道を通り抜けるときに、乳酸菌やビフィズス菌など膣に棲んでいるたくさんの微生物をもらいます。目や耳、鼻、口から微生物が入り込み、身体のいたるところにバクテリアを付着して生まれてくるのです。誕生の瞬間に触れる、病院の空気中に浮遊している細菌や、お産に立ち会った人たちの肌の常在菌などにも出会います。それらが中心となって、赤ちゃんのはじめのマイクロバイオームがつくりあげられるのです。

生まれてからしばらくは、マイクロバイオームはドラマティックに変化します。母乳やミルクで育つあいだは、乳児のマイクロバイオームは乳酸菌やビフィズス菌などの細菌で占められます。離乳食を始める頃になると、食べ物、過ごす環境、ペットなどからも影響を受け、マイクロバイオームは大人のものに似て多様になっていきます。

妊娠中のお母さんの腸内細菌の状態や、免疫力、栄養状態が大切といわれている理由のひとつは、このように赤ちゃんに微生物が引き継がれていくから。また必要以上に衛生的過ぎる環境での出産や子育ては、腸内細菌の多様性形成に遅れが目立つこともわかってきています。何らかの理由で自然分娩のように産道の微生物に出会えなかった場合、喘息やアレルギー、肥満などのリスクが高まるともいわれていますが、出生時に母親の膣液を塗りつけるなどすることで、微生物が受け渡され、自然分娩と同じようなマイクロバイオーム組成になることが実証されています。

ヒトのマイクロバイオームの原型がつくられるのは、1歳から3歳くらいまでといわれています。生まれる瞬間の微生物との出会いは、とても重要なポイントですが、それと同じくらい幼少期のうちに、たくさんの微生物と出会うのも大切。

幼い時期の食事や体験が人を豊かにするとともに、体内の微生物の多様性も育んでいきます。

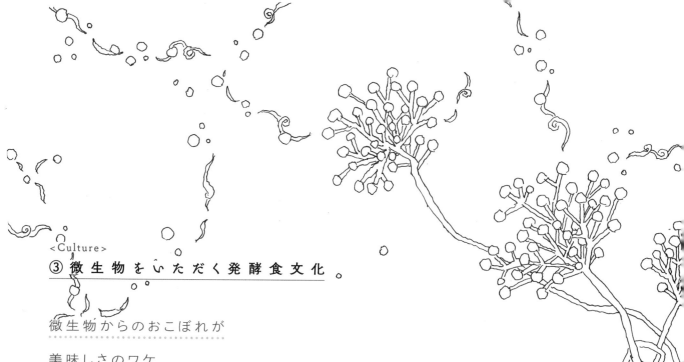

<Culture>

③ 微生物をいただく発酵食文化

微生物からのおこぼれが

美味しさのワケ

体の中の微生物をもっと豊かにして、仲良く暮らしたい！それならやっぱり食べるのが一番。そうして年々、注目が高まっているのが発酵食品です。味噌や納豆、ヨーグルト、馥郁（ふく・いく）たるワインも魅力的。美味しいのはもちろん、栄養満点で消化や吸収率も高く、しかも腐りにくい。食べ物としてのメリットもたくさんあります。それにしてもコロコロとした大豆が、寝かせておくとあんなにもコクと旨みのある味噌に変化するなんて、よく考えたら不思議ですよね。それは微生物たちが密かにあくせく働いてくれてくれているからなのです。

「発酵」とはそんな人間に役立つ微生物の働きのことをいいます。微生物が生きるために代謝する有機物、たとえば大豆などを分解して栄養を得る過程で、物質が化学変化する。それが大豆から味噌への変化として現れるというわけです。ちなみに、同様の過程で人間が美味しくいただけないものに変化すると、私たちはそれを「腐敗」と捉えて、ごめん

なさいと呟きながらゴミ箱かコンポストへ。発酵と腐敗は基本的には同じ現象。私たちの役に立つか立たないかの、紙一重の関係なのです。

ところで自宅で発酵食品をつくるとき、密閉して暗所で保存することが多いですよね。それは発酵が太陽光がなく、酸素のない場所でも代謝できるという微生物の性質を利用しているから。植物や動物よりもずっと長く生きてきた微生物たち。酸素もほとんどない時代の地球で生まれた彼らだからできる生命活動を、お裾分けしてもらっているのが発酵食品なのです。ただ、酸素がほとんどない環境で、発酵菌が自ら出す酵素（タンパク質）だけを触媒とした代謝活動はとても効率が悪く、分解しきれないものがたくさん残ってしまいます。でもそれが私たち人間にとって栄養になったり、美味しさの起因となっていたりしているのだから、おもしろいものです。

世界のスタンダード
乳酸菌

糖を分解して乳酸を主に生産する細菌の総称。現在100種以上確認されていて、ヨーグルトにさまざまな種類があるのは乳酸菌の種類が違うため。なお人間の腸内にも存在し、代表的な善玉菌のひとつ。健康効果に加え、さわやかな風味を生み出してくれる。

→ ヨーグルト、チーズ、キムチ、糠漬けなど

熱にも胃酸にも強い
納豆菌

納豆をつくるのに欠かせない納豆菌は細菌の一種。発酵の過程で旨味のもととなるアミノ酸や、健康効果があるかもしれないナットウキナーゼなどをつくり出す。胃酸にも強く、生きたまま腸内に辿り着いて、善玉菌を活性化させてくれる効果も。

→ 納豆

国菌とも呼ばれる
麹菌

味噌をはじめ日本の調味料づくりに欠かせない麹菌は、デンプンやタンパク質を分解する酵素を大量に生み出すカビのひとつ。主にそのまま使うのではなく、米、麦、大豆などと混ぜて「麹」をつくって使用。麹菌を使った発酵食品は日本独特のものとされる。

→ 酒類、味噌、醤油、みりん、酢など

香りも豊かな
酵母

糖をアルコールと炭酸ガスに分解する酵母は、古くから世界各地でお酒の醸造に欠かせないものとされてきた微生物。副産物として香りのある物質をつくるので、お酒には香り豊かなものが多い。果実など糖分があるものの周辺に多く棲んでいる。

→ ビール、ワイン、パンなど

免疫スイッチをオン!
酢酸菌

アルコールを酢酸に変えてお酢をつくってくれる酢酸菌。pHを低下させて他の微生物を近寄らせない環境をつくるので、防腐や静菌、殺菌の働きをしてくれる。腸内にある免疫スイッチを刺激して活性させるのでアレルギー治療への注目も高まり中。

→ 酢

美味しさをつくる発酵菌

　発酵を促す微生物は大きく、カビ、酵母、細菌の3つのカテゴリーに分けられます。カビは味噌や醤油などに使う麹菌やクモノスカビ、鰹節をつくるときに使うカツオブシカビなどがあります。酵母はアルコールをつくるときや、パンを膨らませるときに欠かせないもの。お酒の種類によって酵母の種類もさまざまです。細菌はカビや酵母と比べて、もっとも小さな微生物。乳酸菌や納豆菌は細菌に分類されます。こちらでは代表的な発酵菌を紹介しています。

偶然からはじまった

微生物とのコミュニケーション

　文明があるところに、発酵あり。発酵文化は極寒の地域

から酷暑の地域まで世界中に分布しています。ヒトと微生物とのこの美味しい関係は、それこそ1万年前には既に始まっていたのではないかと考えられています。東欧・ジョージアには、8000年前のワイン醸造の痕跡が残っていますし、中国では、最古の王朝とされる殷の時代の記述に、酒や醤（ひしお）のようなものが登場しています（4000-5000年前）。3000年以上前のエジプトの壁画にも、ワインを醸す様子や、ビールを飲んで酔っ払った人と思われる場面が描かれています。

　おそらくはじめはたまたま濡れて放置しちゃった麦が、いつの間にかビールになっていた。潰れちゃったブドウの液から気づいたら良い香りが漂ってきて、飲んでみたら独特の酸味とコクがあった。これはジュースとは違う飲み物だ！というような、感じだったはず。

　微生物を見る方法なんてなかった時代。偶然から法則を見出し、目に見えない謎の生物たちの働きに気づいてコミュニケーションを始めた昔の人たち。美味しい発酵文化は彼らの発見と工夫のおかげで始まったのです。

　日本の場合ももっとも古い歴史資料『古事記』に、「ヤマタノオロチを酒に酔わせて殺した」というように、まず酒が登場しています。おそらくそれよりももっと前から発酵文化はあったのでしょう。ちなみに『古事記』で4番目に登場する神様の名前は、「ウマシアシカビヒコジノカミ」。よく見ると、名前にカビが入っています！国がまだもやもやとした状態のときに、葦の若芽のように萌え上がるように成った神、と説明されてますが、名前をそのまま見ると「美味しいカビのかっこいい神様」とも読めたりして。そんな意味があったかは定かではないですが、この頃すでに「カビ」が認識されていた可能性は高いよう。古代の人々の観察力には驚いちゃいますよね。

発酵は生命の再生の物語

　発酵は多くの文化圏で神話や宗教と深い結びつきがあります。誰もが知っているところだと、キリストの肉はパンで血はワイン、というように。気づけばどちらも発酵でつくられたもの。それはおそらく発酵させることで保存性が上がったり、子どもや病人にも食べやすくなったり、栄養価が高まったり……発酵食品が昔の人々にとって生命をつなぐもの、神様からの恩寵だったからと考えられます。

　お正月に振る舞われる「お屠蘇」には、「悪鬼を屠り、魂を再生させる」という意味があるという説があります。中国では大晦日に井戸の中に漢方薬を吊し、元旦に引き上げて酒に浸したものを、邪気を祓い、不老長寿になれる薬酒として飲んでいたとか。

　発酵させることを、醸すともいいますよね。この「醸」という字からも古代アジアにおける発酵のあり方がうかがえます。酉（とりへん）は酒や発酵に関わる文字。酒壺を表してもいて、当時の酒壺は棺と同じ形でもありました。そして酉は鳥でもあり、帰ってくる魂の象徴です。「醸」を象形文字まで辿ると「白装束の胸の中に呪具を入れて胸が盛り上がっ

ている様子」という説も。人が亡くなったら白装束を着せて呪具を入れ、酒壺に弔う。そうすると次の年に渡鳥となって西から魂が帰ってきてくれる——発酵はそんな魂の再生、生命の蘇りの物語を表しているともいえるのです。

　日本ではその延長線上で発酵を捉えつつも、発酵を神聖なものであると同時に、危険なものでもあるというように捉えられていました。それがわかるのが古の日本では麹作りが神官にしか許されていなかったというエピソード。麹作りが市井に降りてきたのは、室町時代に入ってから。ちなみにその時に麹座として麹づくりを許された人たちが、今の種麹屋さんの祖先です。私たちが今、おばあちゃんの知恵袋的な懐かしさと身近さを感じている発酵。古の人たちの感性は、微生物たちの見えない働きから、さまざまな意味を見出し、共に生きていたようです。

和食の繊細さは発酵カビの性格ゆえ

誰もが知る発酵食から、その土地の人しか知らないローカルな発酵食まで、発酵食の世界はすばらしく多様に広がっています。土地に暮らす微生物との対話から始まった発酵。発酵食文化はその土地の気候や農業、植生と密接に関係しています。そんな多様な発酵文化を大きく分けると、中国を中心とする東アジア発酵圏と、かつてのメソポタミアやローマ帝国一帯から西のヨーロッパ発酵圏の２つのルーツに整理できます。

２つの発酵圏の大きな違いは、スターターとするメインの菌の違い。日本を含む東アジア圏は、スターターにカビを使っているのが大きな特徴です。豆や麦を醸す醤などの調味料も酒も、甘酒などの発酵飲料もみんなカビの力を借りたもの。東アジアの湿度ある環境を好むカビたち。東アジア発酵圏では、そのうちの人に嬉しい働きをしてくれるカビたちを生かした多様な発酵食品がつくられています。

カビはカビでも日本の場合は、他の国では使われていない独自のカビとのお付き合いによって、日本ならではの発酵文化が築かれてきました。ニホンコウジカビ。麹菌とも呼ばれ、水田や稲に棲む日本特有の真菌類です。醤油も酒も、味噌も、大陸のものとはどこか違うのは、このカビの違いゆえ。

大陸で発酵菌としてよく使われているクモノスカビなどと比べると、ニホンコウジカビは繊細さん。育ち始めたら強いけれど、育つまでは神経質で弱く、人間に守られないとうまく増殖できません。日本では麹菌から糀をつくるのも、発酵食品をつくるのも、とても精密な職人仕事という印象がありますよね。でも中国は発酵カビが強いからもっと大胆。野外のような場所で一般の人がつくってもぐんぐん元気に育っていくのです。

仕上がりを比べてみても、日本の発酵食品はフレッシュな風味があります。味噌も仕込んで早ければ２、３ヵ月目から食べられるし、日本酒も新酒で飲みます。味の印象でいうと、甘く、フルーティで、軽やか、という感じ。一方で大陸のものは出来立てはエグみや酸味が強く、味が落ち着くまで熟成させたり、蒸留させるのが一般的。どっしり寝かせて味を丸くし、コクを楽しむ食文化になっています。優しく繊細な日本独特の和食の風味。そこには繊細なニホンコウジカビの特性が受け継がれているのです。

拡散して豊かに広がる

発酵のある暮らし

　日本の発酵はフレッシュとはいったけれど、それは大きく見たときの話。日本だけをとってみても味噌や醤油の種類は数えきれないほどだし、日本酒や漬物も土地ごとに風味が異なります。南北に伸びたこの国の中には、一言では言い表せない多種多様な発酵文化が繰り広げられているのです。

　有名なのは愛知県三河地方。八丁味噌やたまり醤油、みりんなど、大陸から伝来した頃の発酵食品の姿が垣間見られるものがたくさん残っている土地です。八丁味噌は韓国のトウチに似ているし、みりんも中国の少数民族がつくる特殊なお酒、インチュウを思わせます。甲府盆地から木曽にかけては、「すんき」などの塩を使わない漬物やチーズのような味噌が。山間で海が遠く、塩が手に入りにくい土地。稲作もできないという環境から生まれた、山独特の発酵文化が繰り広げられています。一方で日本海からの海産物に恵まれる北陸エリアは、魚介の加工に発酵技術が大活躍しています。

　土地に暮らす微生物と土地の食材、受け継がれてきた技や工夫との掛け合わせで、枝分かれしていく発酵食。それは一点集中、均一化に向かってきた今の社会の中でまるで逆。拡散に向かっていっている文化ともいえます。住んでいる土地だけの、我が家だけの、美味しい発酵ごはん。

　近年は都市部でも自宅やワークショップなどで、発酵仕事をする人も増えてきているよう。酒や味噌などを伝統的につくってきた蔵でも世代交代が進み、見学や体験ができる蔵も増えてきました。発酵は美味しくて健康に良いだけでなく、そのプロセスや学びにもおもしろさがあります。今年はこれを試してみよう。あの土地でこの発酵文化が生まれた理由って？思いを巡らせ、手を動かして、微生物の声に耳を傾けてみる。そんな中からから暮らしそのものに、さらなる豊かさを見出す機会が増えていくのではないでしょうか。

都市と自然をつなげてつくる

未来の微生物との共生生活

　私たちはこれまで、人間社会が都市化すると、その代償としてマイクロバイオームの多様性が失われるという話をしてきました。ですが、アマゾンやアフリカで暮らす人々の生活を見ると、自然から隔離された空間があるだけで、環境内の微生物叢の組成はすぐに変化することもわかってきました。

　まず家の定義は、空間を囲む壁があること。家の中には用途によって分かれた区画や部屋もあるかもしれません。家のなかの空気の循環、つまり風通しが悪くなり、外からのバクテリアが減少。そうなると、家の中では人間が唯一の微生物の供給源となることは想像に難くないでしょう。

　ブラジルの熱帯雨林の中の都市、マナウスに住む人達の家と、気候がよく似た別の場所にある現代的な家を比較する

と、後者の家の中ではヒトの皮膚由来のマイクロバイオームが増加し、土由来のマイクロバイオームが減少していることがわかりました。また、都市化に伴ってカビなどの真菌の多様性が増加。そのような家に住むことはヒトに常在する細菌の構成にも影響します。

これはすべて自然に存在する、土壌、植物、そして動物からの環境マイクロバイオームから少しだけ隔てられることによって起こる変化です。ですから、人間の住む場所が都市化することによって、共生または共存する微生物叢が変化し、次世代が育つ環境内のマイクロバイオームの組成も変わってきたのです。

でも、都市での暮らしの中で、私たちが微生物の協力によって得られる健康を諦める必要はありません。近代的な家に自然を持ち込む方法はたくさんあります。例えば、家の中で動物や植物と一緒に生活したり、建築と近代デザインを駆使して自然を取り入れた家にする。もちろん、ガーデニングや家庭菜園などで土に触れたり、山や海など自然環境に足を運ぶのも良いでしょう。普段の食事に発酵食品をひとつ足すだけでも、体内に暮らす微生物を喜ばせます。

また、私たちにはそれぞれの国、文化に、その土地の自然環境と共にあった暮らしの記憶が文化や歴史としても残っています。先人の知恵には、微生物と仲良く暮らしてきたさまざまなヒントがあるはず。そして、その知恵（微生物とのお付き合い）はヒトがその土地の見えないネットワークを含む、生態系の一部として馴染む1つのテクニックだったのかもしれません。それらを発掘して、今の暮らしに1つ、また1つ足してみる。そうやっていくことで微生物との共生生活を再生していけるのではないでしょうか。

微生物 talk

NOMA × 小倉ヒラク（発酵デザイナー）

NOMA 近年、発酵食はとても注目されていますし、発酵シーンそのものがなんだかワクワクするような、クリエイティブさが増しているような気がしています。ヒラクさんのような存在がいること自体がその象徴ですよね。

小倉 よかったです、ワクワクしてくれていて！今ちょうどいろいろなところで蔵の代替わりが進んでいて、発酵文化も新陳代謝しています。ヒップで、アートが好きな人が蔵を継いでいたりとか、文化が変わってきている。発酵に限らずですが伝統を大事に、というだけだと、やっぱり廃れていってしまう。作り手が若返っていることで、発酵文化はこれからも生き延びていくだろうと感じています。

NOMA 家でお味噌づくりや発酵ジュースづくりをする人も増えていますよね。みんなで集まってお味噌をつくるのもいい流れのように思っています。発酵を中心にコミュニケーションが生まれて、輪になっていく。それってまさ

に昔のご近所付き合いなんじゃないかなって。

小倉 1人でつくるのはめんどくさいですもんね。でも発酵って、そのめんどくささがいいと思うんですよ。現代人は仕事が忙しくて、用事をする時間をどんどん削ってきたんですよね。味噌を仕込んでおこうとか、お花見の準備をしようとか、ご機嫌伺いに会いに行くとか。用事って誰かに強制されたり、契約したものじゃなれど、やるとクオリティライフが高まるようなもの。そういった用事の価値に、今、揺り戻しがきているのかなと感じています。

NOMA この本をつくっていく過程でも、改めていかに人間社会や私たちの暮らし方を一極集中から分散化させていくか、という課題にさまざまな方向から辿り着いたのですが、発酵文化からもそれを感じました。発酵文化がより育っていくことによって、社会のあり方にも豊かに影響していくような気がします。

小倉 発酵文化はそもそもが極地生まれですからね。元々分散していたものだから、一旦その原点に立ち戻ってみましょうということなのかなと思います。

NOMA ヒラクさんは講演や本のなかでたびたび"ゆらぎ"という言葉を使っていらっしゃっ

菌と発酵が織りなす見えない〝ゆらぎ〟。妄想するだけでワクワクしちゃう──NOMA

発酵は〝ゆらぎ〟を入れることで結果を出せるフロンティア──小倉

て、それをとても興味深く思っていました。私は宇宙が好きで、宇宙の誕生にも〝ゆらぎ〟は大きなキーワードとして関わっていますよね。目で見ることのできない、微生物と発酵の世界での〝ゆらぎ〟ってどういうことですか？

小倉　美味しさって、やっぱり〝ゆらぎ〟があるものだと思います。ただ近代産業はいかに〝ゆらぎ〟を排除して、不特定多数の人を満足させるかを追求してきました。味噌の話でいうと大手メーカーの場合は、五味チャートできれいな五角形を目指してきたんですよね。不特定多数のための〝ゆらがない〟味。一方、手作りの味噌はというと、五味チャートにするとすごくブサイクなわけです。ある味がぴょーんと飛び抜けていたり、ある味は全然なかったり。でもそれが刺さる人には刺さるんですよね。これじゃなきゃダメという人がいて、ファンになってくれる。

　〝ゆらぎ〟って、いびつさとか、偏りとも取れると思うのですが、そういうものがおもしろい方向に転んだときに、ある程度の結果を出せるのが、2020年代に入ってからの発酵シーンだと感じています。〝ゆらぎ〟を入れていくことによって、すごくユニークなものをつくれるロ

マンがある。それでもってちゃんと地に足をつけた産業として、受け入れてくれる人たちがいる。それがおもしろいですよね。

NOMA　宇宙の始まりから私たちの身体まで、この世界がゆらぎに満ちていることを考えると、ある種の〝ゆらぎ〟に対して安心感を感じるのも自然なことかもしれませんね。

小倉　人間の生命も〝ゆらぎ〟を含んでいるものだし、そもそも美味しさに対する感覚だって常に揺れ動いていますもんね。〝ゆらぎ〟はフロンティアの開拓に欠かせないと同時に、自然なものでもあると思います。

NOMA　土地の個性とも紐づいていそうですよね！発酵文化を通して、その土地の個性や自然がもっともっと身近に感じられるようになったらいいなと思います。

小倉　地元に根付いて暮らす人たちや自然とともに暮らしている人たちって、実は今の日本にもたくさんいるんです。都会から見るとなくなってしまったように感じるけれど、実は見落としているだけで。そこにいかにコミットしていくか。それが大事だし、暮らしによりおもしろさをもたらしてくれるんじゃないかなと思います。

監修：**河野智謙**
取材協力：ステファノ・マンクーゾ

緑

遥か彼方から届く宇宙の記憶、光

地球を旅し続ける液体、水

この2つを源に生命を紡ぎ続けるのが

緑色の大先輩

惑星地球で時を刻むこと27億年

地球が凍結した時も

恐竜が滅びた時も

生命の営みを絶やしたことがない植物

今日も地球を緑で包む

その驚くべき叡智とは

持続性と

数多の生命と助け合う

共生の力なのかもしれない

① 植物こそ、最先端を行く生命体

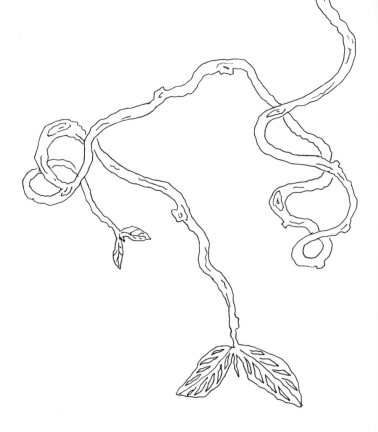

多細胞生物の大先輩

植物の知られざる能力とは?

　植物はすごい能力を備えた生物です。微生物が地球上のどんな場所にでもいるように、植物もまた、ありとあらゆる場所で進化した姿を見せてくれます。それもそのはず、植物のバイオマス（生物総重量）は陸上の生態系全体の、なんと80％以上! 常夏の島から凍えるような寒さの土地、はたまた乾いた砂漠から、湿度の高い湿地帯まで。植物は思いもよらぬ生存戦略を取って、あらゆる環境に適した進化を遂げてきました。移動ができる私たちと違って、基本的には生まれた場所を動かずに生を全うする植物。無表情のように感じるかもしれませんが、実は彼らは周囲の刺激をとても敏感に感じ取っています。それも、全身の細胞で! そうして芽を出した場所で生き抜く術を、丁寧に編み出しているのです。

　たとえば、昆虫がガシガシと自分の葉を食べている振動を感じれば、防御効果のある化学物質を素早く出して虫を撃退。そればかりか、周りの仲間たちに敵の脅威を知らせることまでしています。かと思えば、花粉や種を運んでもらうた

めに、擬態や香りという技を駆使して虫や鳥などを誘い寄せる策士な一面も。根を張って水や栄養のある場所を感知し、光を求めて蔓を伸ばす。また氷河で眠っていた太古の種子が適した温度と湿度に迎えられたとき、数万年もの時を経て、目を覚ますなんていうことも。

　これらの例を聞くと、思いませんか? 植物って考えたり、感じたりしているみたい。動物とは似て非なる感覚器官の存在——。植物は自身の繁栄のために水のせせらぎを聞き、風に子孫を託します。動けないぶん、周りの環境と巧みに付き合う植物の術に、私たちを含む動物ももれなく取り込まれているわけです。共生能力と生存戦略に長けた我らが大先輩、植物の世界。緑の章のはじまりです。

かつての地球を変えた

植物の祖先たち

　植物の祖先も、やっぱり海で生まれました。原始的な地球の大気が、二酸化炭素と窒素で構成されていた時代。酸素をつくって地球環境を劇的に変えた生物がいたのを覚えていますか？ 海の章で紹介した、光合成細菌シアノバクテリアです。現在、植物の光合成を担っている葉緑体は、もともとシアノバクテリアのような光合成細菌でした。食べる、食べられるの関係が始まっていた海。別の単細胞生物（おそらく初期の原生生物）が、シアノバクテリアをパクリ。いつものように食べて消化し、エネルギーを得るはずでしたが、なぜだか消化できずに体内に残ってしまったことがあったのです。それが、シアノバクテリアが宿主の中で光合成をするようになった、細胞内共生の発端。宿主である単細胞生物は、やがて普通の細胞のように分裂。その際、光合成細菌は分裂した細胞にも均等に分配されていきました。このときパクリとされたシアノバクテリアこそ、いま、植物の細胞内小器官として光合成をしている葉緑体の起源です。

　葉緑体を持った細胞は、さらに進化をしていきます。まずは今も海の中でせっせと光合成をしてくれている藻類が登場します。ちなみに藻類とは大まかにいうと、海にいる光合成生物すべてを指したもの。光合成をする細菌から昆布のような海藻まで、微生物も原生生物も、もちろん植物も、光合成をしてるものは藻類と分類されているのです。でも、ここが重要！ そのなかで陸に進出し、素晴らしい繁栄を見せたのは、知ってのとおり植物性の藻類だけです。

　藻類は陸地に進出し、苔、シダ植物、裸子植物、被子植物へと進化していきました。そして、それらすべてに共通しているのが、細胞内小器官の葉緑体の存在です。地球上のほとんどの生物が酸素呼吸をするきっかけとなった、シアノバクテリアを起源に持つ葉緑体。植物の歴史はその始まりから、その後に生まれる地球の生き物たちに大きな大きな贈り物をくれていたのですね。

関連：p020, p021（海の章）

植物だけじゃない

光合成する不思議な生物

　宇宙から射し込む太陽の光を、生へと変える──太陽からの恩恵を最大限に生かす光合成。植物だけの特権のように思いますが、この広い地球の上には、光合成生物と共生して光合成能力を手に入れている変わりものもいます。

　たとえばシャコガイの仲間は、生まれた後に光合成生物と共生を始めます。孵化して間もないときは、動物性プランクトンのように振る舞います。それが幼生時にたったの一度、藻類の仲間である褐虫藻を食べると、光合成によってお腹の中でこれが増殖。その後は光合成だけで生きていく貝になります。やがてシャコガイは足場を見つけて沈着し、まるで完全なる植物のように、日当たりの良いところで太陽の光を浴びて一生を送ります。またウミウシの仲間にも光をエネルギーに変えられるものがいます。卵から生まれたばかりのときは、やはり光合成能力を持っていないのに、海藻を食べることで自ら光合成できるようになるのだとか。食べた藻類から葉緑体だけを取り込んで蓄積し、光合成能力を獲得するのです。ある意味、ウミウシは細胞内に葉緑体がある植物と、とても良く似た構造の生物になるのです。

　シアノバクテリアのような光合成細菌と、別の生物との細胞内共生は、大昔に起きた出来事のように思うかもしれません。でも実は、現在でも観察できるものがあります。たとえば動物にも植物にも分類されない原生生物と光合成細菌の共生。原生生物のミドリゾウリムシにシアノバクテリアを食べさせると、ミドリゾウリムシはお腹にびっしりとシアノバクテリアを蓄えて共生するようになるのだそう。なお共生の歴史が長くなれば、お互いに依存しあって単独では生きられなくなっていきます。もしかしたら今もどこかで、光合成細菌と別の生物がばったり出会い、まだ見ぬ光合成生物が生まれる準備が行われているかもしれません。

探ってみよう！

光合成人間の可能性

　じゃあどうして私たちは光合成ができないの!?と、思ったことはありませんか？ 日向ぼっこをするだけで生きていられる……じつに夢のある話です。なんたって他の生命に依存せず、自立的に、サスティナブルに生きれるわけですから。ですが人間が光合成生物になるには、ミドリゾウリムシのように、つぶつぶの藻類を食べて消化せずに温存できるような特殊な能力が必要。私たちの細胞自体に光合成生物を食べて細胞内共生をする能力がないと、こんな夢のような話は始まらないのだとか。

　そしてやっぱり、いま人間が光合成ができないのには、それ

だけの理由があるようです。光合成とはハイリスク・ハイリター
ン。宿主となった生物は動かなくてもエネルギーが得られる反
面、光化学反応にものすごく過敏になるのです。つまり、酸化
ストレスによって活性酸素がたくさん出てしまうので、光合成を
しようとしてもヒトの細胞はすぐに死んでしまうのだそう。

　活性酸素の除去能力が低い動物と違って、植物は光合成
の長い歴史のなかで、細胞や葉緑体に活性酸素を排除する
仕組みを獲得してきています。抗酸化物質であるポリフェノー
ル類などをたくさんつくっているのです。

　ではヒトに存在する細胞のなかで光合成細菌を取り込む能

力があり、なお活性酸素に耐性がある細胞はというと──白
血球のマクロファージ！　シアノバクテリアとマクロファージを同
じ環境下で培養すると、マクロファージは細菌を食べるのが
仕事ですから、シアノバクテリアはあっという間にマクロファー
ジのお腹の中に。そこで弱い光を当ててみるとちゃんと光合成
をして1、2週間は生られるそう。でも強い光では活性酸素
が出すぎてホストが死んでしまうのだとか。残念ですが、やは
り動物の細胞ではまだ課題がありそうですね！　今後の思わぬ
発見に、淡い期待を寄せつつ、今は想像で楽しみましょう。

土から水と栄養を！
植物の陸上進出劇

　水いっぱいの海から陸に上がった植物が今のように繁栄するまで、その歴史はおそらく大発明の連続だったことでしょう。陸に上がった藻類に初めに求められた進化は、乾燥に対する耐性でした。

　最初に陸地に進出した生き物は、細胞で袋のようなものをつくって自分を囲い、乾燥から身を守る戦略を取りました。単細胞生物が分裂してかたまりになり、外側を膜で覆うといった構造を取るようになったと考えられています。現にシアノバクテリアの仲間には、多細胞化する一歩手前で、フィラメンタスと呼ばれる数珠状につながった形態があります。あまりバラバラに拡散しないことで水分を保つ戦略だったのかもしれません。それがもう少し進化すると、ゲル状のものを分泌して、その中に自分を匿（かくま）うような形態に。今も空き地や水捌けの良くない場所で見られる、イシクラゲはまさにそれ。水分がないときは乾燥わかめのような形態でじっと耐え、水を得た途端に大きく膨らんで増殖するようになったのです。

　このように藻類は少しずつ乾燥に強い形になり、やがて水分が少なくても生きていけるものへと進化していきました。イシクラゲのような藻類の仲間の次の段階として登場したのは、苔類です。とはいえ苔類もまだ水が豊富な湿度の場所で暮らし、全身で水分を吸収して生きる仕組みでした。根のような構造はあっても、それは岩や土などに体を固定するものであって、そこから水や栄養を吸収するものではなかったと考えられます。

　さて、この広い陸地のもっともっと奥まで行きたい！ 植物がそう考えたかはわかりませんが、陸地でのさらなる繁栄のためには水場から離れる必要がありました。いったん湿り気のある場所を離れると、水分があるのは地面の中だけ。でも光合成をするための光は、地面の上。生きるために必要なものが、地面の上と下に分かれてしまいます。そこで植物が発明したものこそ、その後の植物に欠かせないものとなる、地下と地表を結ぶ水のハイウェイ！ 地面から地表に水分を運ぶための、根っこや茎といった構造、維管束です。根を張って土からうまく水を吸収し、さらに地表では光合成をするシステム。これを手に入れて出現したのが、シダ植物でした。いわゆるバスキュラープラント、維管束植物の誕生です。

関連：p113（土の章）

花と種子が旅をする

陸上に進出して間もなく生まれた苔類やシダ植物は、海にいた頃の名残なのか、雄株が水を使って生殖細胞を移動させ雌株まで辿りつき、受精後に胞子を飛ばしていました。子孫を残すには水を媒介とする必要があったのです。

ところがその後、植物は次なる大発明に着手します。それが「種子」！そして種子があるということは、「花」もですよね。シダ植物以降に誕生した高等植物がつくる花粉と、受粉によってできる種子。種子と花こそ植物が動かずして、遺伝子を複雑にするために見出した生殖戦略でした。まず最初に種子を発明したのは、裸子植物。裸子植物は、花びらやがくはないものの、花もありました。乾季雨季、夏冬などの過酷な気候条件に適応するために、植物は種子による世代交代を選んだのです。

裸子植物のほとんどは、水が少ない環境で遺伝子を多様化させながら子孫を残すために、「風」を媒介として使います。子孫を残すため、風を使って花粉を飛ばす。そのため裸子植物の中でも松や杉、ヒノキのような針葉樹は、花粉を飛ばしやすい構造に進化していきました。花粉症の人にとってはちょっとつらいお話ですが。

ところが熱帯雨林など湿った場所では、花粉を風に乗せる戦略はなかなか難しいもの。そのような地域の植物は、昆虫や小鳥を媒介して花粉を運ぶ仕組みを発明します。生殖に他の生物の力を借りるようになったこの進化が、今のところ植物の進化の最終段階。それに特化したのが、花弁とがくを持った花を咲かせて果実をつくる被子植物です。

花に甘い蜜をたたえ、昆虫や小鳥に提供する代わりに、花粉を他の花に運んでもらう。また、果実の中に種子を仕込み、それを食べてもらうことで、栄養たっぷりの糞に紛れて離れた場所に種子を運んでもらうことも。地面に根を張り逃げることもできず、一方的に食べられる。一見、自分を犠牲にしているかのような、被子植物の生殖戦略。ですがこのように自らを動物に提供することで、植物はみごとに地球最大のバイオマスを誇る生物にまで登りつめていったのです。

種子ってドラマチックな
タイムカプセル

　植物の卵ともいえる、小さな種子。その中には植物全体をつくるためのDNAがすべて詰まっています。好ましい環境に置かれたら、根を出し、芽を出し、種子の中のプログラムをもとにぐんぐんと成長をするばかり。ですが寒すぎたり暑すぎたり、乾燥しすぎているなど、生育しにくいコンディションの時には、なんとも賢いことに種子はまるで反応をしないのです。

　たとえば、氷河の中から出てきた3万年前の種子を土に埋めてみたら発芽した。他にも2千年ほど前の古代遺跡で保存されていたナツメヤシの栽培に成功した、などなど。大昔には賑わっていた植物たちが時間の経過などをモノともせ

ずに、まるでタイムカプセルを開いたかのように、現代の気候で成長を始めたというさまざまな事例が、世界中で報告されています。実は種子の状態のとき、植物には時間を推し測る能力はあまりなく、水分や気温などの条件が整ったときのみ、種子の中で生化学反応が始まるのです。

　ところで気になるのは、種子の状態のときの葉緑体の存在。葉緑体は原核細胞であった頃の名残で、自分のゲノムも持っています。そして未だに光合成細菌のような性質を少しだけ持っていて、それらは植物のなかで分裂して増殖します。でも、大丈夫。そういった葉緑体の素になるものも、すべて種子の中で一緒にカラカラになって保存されているんです。

　そう、カラカラの状態からはじまるのを考えると、種子ってインスタントラーメンに近いともいえますね。ちなみに、種は乾燥には強いのですが、ちょっと水に触れて「発芽しようかな」という状態になった後に、また乾燥した状態に置かれると死んでしまうそう。発芽前のときがいちばん乾燥に弱いのです。野菜づくりやガーデニングなどで種子の発芽から挑戦したい人たちは、ぜひとも参考に！

他者と共に生きるコツ

愛しさこそ最強の生存戦略

　魅惑的な花々の色や形。実はこれ、植物が私たちに愛でられるために、あえて選びとった姿なのかもしれません。花を発明した植物は、他の生物の美的感覚や好ましい香り、習性などを学習し、トライアル・アンド・エラーを繰り返しながら、より特定の生物にアピールできるように進化していきました。これは被子植物のなかの顕花植物による、生殖戦略のひとつです。

　これらの被子植物は、昆虫や小鳥など、花粉の伝播を媒介してくれる役割をもつ特定の生物と共進化してきました。たとえば花びらには紫外線をよく反射する部分があります。これは昆虫にしか見えない蜜のありかを示す情報。植物はさらに、昆虫に認識されやすい花の形やパターンを徹底的に学習し、精妙に進化してきました。つまり綺麗な花というのは、花粉を運んでくれる生物に見てほしくて、それらにアピールす

るように相互作用した結果なのです。裸子植物にも花はありますが、こちらは風に生殖を頼っていることもあり、他の生物の気を引く必要があまりありません。そのため必要以上に華やかに、目立たなくても良い……なんてことも。

　ところで、私たちが園芸で育てるような花も、とても可愛らしかったり美しかったりと、人間の暮らしを豊かにしてくれるものばかりですよね。古代の遺跡や墓地から花の花粉が発見されるのも、昔から人々が花に魅せられていた証といえるでしょう。花言葉をつくって特定の花に意味を持たせることも、さまざまな文化圏で行われてきました。何のことはない、私たち人間も知らず知らずのうちに顕花植物の思惑どおりに動いていて、彼らの繁栄のお手伝いをしてきていたのです。「いやいや、人間が愛しいと感じる花を選んで栽培してきただけだから！」という声もあるかもしれません。でも、そう思わせることこそ、花を咲かせる植物の意図のうちなのかも。愛しさにキュンキュンして、癒されているうちに、今日も私たちは植物という生命の伸び代を広げるお手伝いをしているのです。そして、言い換えると、他の生物なくして、花の美しさはなかったのかもしれません。

見習いたい？

可憐な花々が見せる知性

　花にはもう1つ、見逃せない魅力がありますよね。そう、ふわりと風に乗ってその存在を教えてくれる、花の芳香。香りにうっとりとして、花に引き寄せられるのは、ヒトだけではありません。

　蘭の仲間にはメス蜂のフェロモンによく似た匂いを出し、さらに花びらの一部がメス蜂によく似た構造に進化した、ビー・オーキッドと呼ばれる花があります。驚くことに、メス蜂だと思ってビー・オーキッドに誘われたオス蜂は、交尾をしようとしてうっかり花粉まみれに。さらにオス蜂は他の花々を転々として、気付かぬうちに受粉の助けとなっているのだそ

う。花がこのような擬態に至ったということは、周りに蜂がいなければありえないこと。さらに何かしらの方法によって、蜂の様子を知る術を得ていたということが想像できますよね。

被子植物にとって花びらは、花粉を媒介してくれる生物を視覚的に誘惑する役割でした。けれども、花が外からは見えない場所、また近くにそれを媒介してくれる生物がいない場合などは、また別の方法をとらないと子孫を残せません。そこで、光がなくても嗅覚に働きかけ、どの方向からでも花の存在を嗅ぎ分けられるのを可能にしたのが、濃度勾配を使った香り戦略だったのです。植物は、生物にとって魅力的な芳香となる化学物質を放つことで、匂いを伝って、遠くにいる生物を誘い寄せるシグナルにしたと考えられます。だいたいの方向を匂いで伝えられたら、最終的には視覚にアピールできるというわけです。

さて植物の香り作戦。人間も例外ではなく、この生殖戦略に見事に誘われて、古くから可愛らしい花とともに、いい香りの花を好んで選抜してきました。ラベンダーやバラに、ライラック。柑橘系の花も甘い芳香を放ちます。このように人間に選ばれることで、これらの植物はより強い香り、可愛らしい花を付けるものへと交配されてきたことでしょう。裏を返してみれば、それも植物の思惑通りだったのかも。人間好みの花になる。それは良く言えば利他的な行為。植物はそういう風に人間とスマートな付き合いをしてきたからこそ、植物は子孫の更なる繁栄が保証されたも同然となったわけです。

食べられる、は負けじゃない
ヒトも植物に仕えている

動く生物の世界は、弱肉強食こそ自然の摂理。とはいえ個の生命にとって、食べられることは当然ながら死を意味します。食べられずとも、体の重要な部分を一部でも損傷すれば、おおごとです。だから捕食される側は全力で逃げます

よね。では食べられる一方に見える植物は、逃げられなくて本当に問題ないのでしょうか？

実は植物は他の生物に食べられることなど、想定済みなのです。彼らの仕組みは動物の体とまったく異なります。植物は生存機能を「分散化」させながら進化した生物。たとえば、葉っぱをいくつか食べられたぐらいでは、もろともしませんよね。致命傷を負うこともなく、同じ機能を持つ葉っぱを次々と成長させて、損失を補っているのです。

私たちの食料のベースでもある、トウモロコシ、麦、米、大豆などの穀物の場合を、植物の側から見てみましょう。これらは人間に種子の一部を提供し、人間が莫大な面積で栽培してくれるお陰で、さらに美味しく進化しながら繁栄することができています。自分たちだけでは到底勝ち取れないほどの生育面積を、見事に達成できているわけ。また果実を作る植物は、それを丸呑みしてくれる動物を歓迎しています。食べられた種子は消化されずに、排泄物と一緒に外へ。遠くまで運んでくれて、肥料までつけてくれるのですから、まさにいいことづくし。ちなみに動物は甘さで栄養感じ取るので、植物はグルコースの3倍ほど甘いフルクトースを果実に忍び込ませ、何度でも食べてもらえるよう中毒性を持たせているのだとか。植物にとっては食べられることこそ、種全体の生存に有利に働いているのです。

ではここからは、言葉を交わせない植物への究極のギモン……植物は自分が食べられることに対してどう感じているのでしょう？

たとえばまだ青い果物は、防御反応としてクエン酸を生成し、酸っぱくして身を守ってて、種子を運んで欲しいタイミングを図って甘くなります。実は甘くなるときに放出するエチレンガスは、医療用の麻酔剤として使用されていた歴史があります。じゃあ、もしかしてエチレンガスは、食べられる不快感を感じないための植物のセルフ麻酔なのでは？ 植物も痛いのはイヤなのかも？ なんていう仮説も。答えはまだ出ていませんが、検証するための研究も行われているそうです。

<Science>

② 感性を持つ、植物のチカラ

全身で世界を感じている

植物の知られざる感性

　植物の驚くべき感性をご存じでしょうか。超スローモーションで動きが見えにくく、私たちのように言語を使っておしゃべりしてくれるわけではない植物のフィーリングは、ヒトにとって理解しづらい所があるかもしれません。けれども植物は視覚、聴覚、嗅覚、味覚、触覚はもちろん、人間の五感を遥かに凌ぐ感知能力を持つといわれています。ヒトのシステムに合わせた感覚器ごとにみていきましょう。

【視覚】

　「光」はほとんどの植物の生命を維持するための、貴重かつ最大のライフラインです。植物は光を求め、長い歳月をかけて視覚能力を練磨してきました。植物の内部では数種の化学物質が光受容体として機能しており、それらは光の量や各波長が持つ性質さえも識別します。たとえば青色の光。青色の光はクリプトクロムやフォトトロピンいう光受容体に吸収されます。クリプトクロムからの情報は、光合成を遮る存在を回避するための「避陰反応」を調整し、植物は急いで成長しようとしたりします。なぜならば植物は相対的に低照度の青の存在を、陰と認識するからです。

【聴覚】

　植物は特定の音を聞き分けることもできます。例えば昆虫が葉を食べる音が振動として伝わった瞬間から、植物は防御体制を素早く取り始めます。また、音は植物の成長にも影響を与えます。フィレンツェ大学の国際植物ニューロバイオロジー研究所（LINV）は、5年以上の時間をかけて音楽を聴かせながら葡萄の木を育てる実験を行い、音楽を聴かせた葡萄の方が音楽を聴かせなかった葡萄よりも質がよく育つことを発見しました。生育状態や味やポリフェノールの含有量などさまざまな点で違いが見られたのです。正確にいうと、音楽を構成している周波数が影響を与えているんですね。100~500ヘルツくらいの低い周波数は、植物の成長に良い影響を与えます。また植物は電波の感知もできます。特定の電波を好んだり、避けたり、電波の種類が変わることによって植物はその成長さえも変化させていきます。

【嗅覚】

　あらゆる動物と同じように、植物にとっても嗅覚は重要な感覚機能です。植物の表面に備わっている揮発性物質を捉

える受容体が何かしらの受信をすると、全体に情報を発する
シグナルがドミノ倒しのように作動します。そして更に驚くべき
ことは、ハーブのような薬用植物など、自分たちではっきりと
したメッセージを持つ香りをつくる植物もいます。香りの意味
を解読するにはまだ時間がかかりそうですが、警告や誘惑、
拒絶、さまざまなバラエティがあるでしょう。大気や土の中で
広がる匂い物質は植物からの大切なメッセージなのです。

【味覚】
　植物も栄養豊富で美味しいものが好きなようです。地中深
くに伸びる根っこは、硝酸塩、リン酸やカリウム、土の中の
微量なミネラルを識別する能力を発揮します。そしてウツボカ
ズラやハエトリグサのような肉食植物は、驚くドラマを見せ
てくれます。時には小動物さえも食べてしまうのですから!

【触覚】
　植物の根は触覚情報の感知に優れており、何かに触れた
りすることにより、根の成長を止めたりもします。壁を這うよう
に茎を伸ばしたり、周囲のものに巻き付くつる性植物の卓越

した昇り方には誰もが見覚えがあるのではないでしょうか?
彼らは対象物に触れることによって、その先にさらに自分たち
が伸び進む道があるかを確認しながら成長していきます。で
きるだけ巻きつくのに良い支柱を選び、しがみつく姿にはい
つも驚かされますが、触覚の感知能力を最大に活かしたつ
る性植物はここ30〜40年間で増加傾向にあります。

　目、鼻、口、耳、皮膚と感覚器が別れている私たちとは
まるで違うつくりで感知機能を持つ植物。感覚器を一つの器
官や臓器に集中するのではなく、すべての細胞の受容体が
反応することによってすべての細胞がヒトの感覚器のように働
いています。空気中でも土壌中でも、化学物質の違いも感
じ分け、その分別は驚くほど繊細。植物が感知する世界は
今わかっていることの何倍にも広がるといわれています。

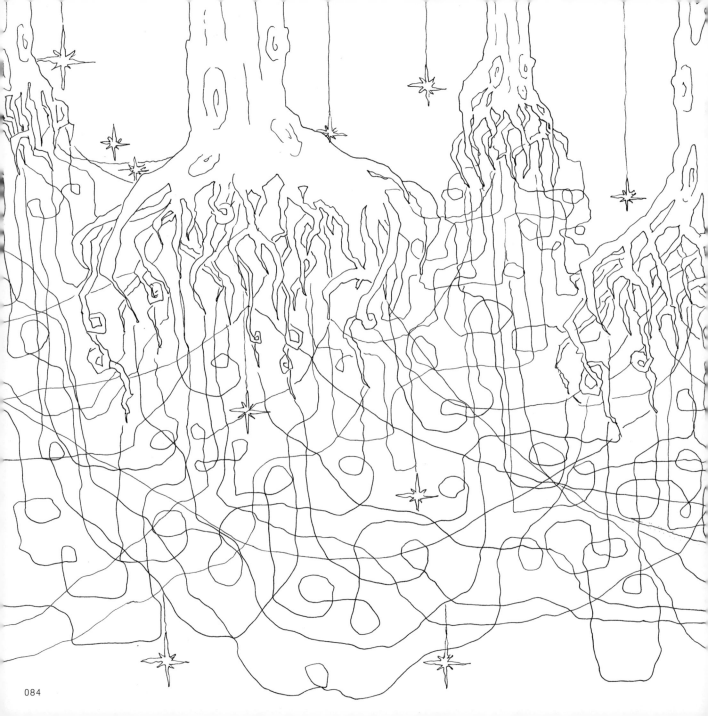

森の地下に広がる
グリーンテレネット

　植物の驚くべき能力は植物どうし、そして他の生物との
コミュニケーションにおいても見られます。最初に注目し
たいのは、森の下に広がるグリーンテレネット（グリー
ン＋インターネット）。森の地下ではすべての木々が、根
から放出される化学物質による信号によってつながり合
い巨大なネットワークシステムを広げています。それは言
葉のとおり、目に見えないインターネットのつながりのよう。

　そこではさまざまなメッセージや栄養素、水が瞬く間に
周囲の木々たちの間でシェアされ、まるで地下の秘密のハイウェ
イとして機能しています。同種どうしの樹木ではダイレクトなやり
とりが行われ、異種の樹木どうしがつながるときは、根と根の
やりとりの間にキノコを挟むことも。そしてこの根の先、根端は
一本一本が無数の独立した情報指令センターだと考えられます。
一本の樹木の根の数は何十億にも上るといわれており、それ
らのつながりが森の下で果てしない広がりを見せているのです。

関連：p105（土の章）

化学物質を言葉に変える

実はおしゃべりな植物たち

　私たちには容易に聞こえない植物どうしのコミュニケーション。それは地中だけでなく、この空間の中でも行われています。とてつもなく繊細な世界を少し覗いてみましょう。

　彼らは数千にわたるさまざまな分子を使い、さまざまなパターンの化学物質を使って会話をしています。そう、分子の組み合わせでメッセージの意味を変えているのです。

　たとえば土壌の塩分が少し濃い時、「ねぇねぇ、うちらの根っこのほうに、塩気が強過ぎるものが来ているんだけど、そちらにも同じ塩が行くかもしれないから気をつけてね!」というような感じ。そんなメッセージが、周囲の木々に素早く放たれているのです。昆虫からの攻撃に備えた忌避信号、極端な暑さや寒さ、そういった植物の成長に関わる情報交換が、化学物質を中心としたコミュニケーションで交わされています。

　膨大な数の化学物質を使って仲間と会話を行う植物たちですが、ヒトと同じように、すべての仲間に等しい内容を伝えているわけではないのです。同種のなかでも父母や兄弟、子どものように近い関係性にある家族内では、彼らは余すことなくすべての情報をシェアし合います。それ以外の同種の仲間たちとは、危機管理のための警報や注意のようなメッセージのやりとりを中心にシェアし合っています。

　ところで、九州訛りや、東北訛り。日本語も外国語も地方によって言葉に独特の発音やニュアンスがあったりしますよね。実は植物もヒトと同じように、地方によって方言があります。たとえばカリフォルニアで研究されたセージについてお話をしましょう。カリフォルニア内の地域3ヵ所（北部、南部、中央部）のセージを用いて行った研究では、それぞれの地域によって少しずつ彼らの言葉に違いがあるのがわかりました。同じメッセージでも分子構造が若干違うのです。そしてその違いがコミュニティ内のコミュニケーション力にも影響をしているということが見えてきました。植物の育つ地域によって音や感覚を表現するメッセージの分子構造が若干違い、けれどもそれぞれのセージ間で意味を理解し合っているのです。

記憶力もばっちり！

2ヵ月前も覚えてる

　植物には記憶力もあるようです。まず葉に触れるとすぐに葉を閉じてしまう、とても繊細な植物、オジギソウを使った実験についてお話しましょう。本章の監修、取材協力者である河野智謙氏とステファノ・マンクーゾ氏の閃きから始まった、植物の記憶実験「ラマルク＆デフォンテーヌ実験」（実験タイトルの由来は230年ほど前に植物の記憶力に強い関心を持った生物学者であるラマルク、そして植物学者であるデフォンテーヌの情熱を引き継ぐ形で名付けられましたそう）。恐れを感じるとすぐに葉を閉じるオジギソウの繊細な特徴を活かして行われたこの実験では、500個ものオジギソウの鉢を10センチ程度の高さから落とす実験を繰り返しました。はじめはすぐに葉を閉じていたオジギソウたちですが、7、8回繰り返すと葉を閉じるのを止めたのです。次に違う角度から刺激を与えると、やはり同じように最初は葉を閉じるのですが、回数を重ねてオジギソウが恐れる必要がないと判断したところで、省エネを優先して葉を閉じるのをやめます。なぜな

ら葉を閉じるのにもエネルギーを使うからです。

　さらに驚いた事に、オジギソウをグリーンハウスに置き、まったく刺激を与えずに過ごさせ、約2ヵ月後に同じ刺激を与えたところ、オジギソウはそれが危険でない刺激であるとしっかり記憶しており、葉を閉じる事がなかったのです！時代を超えた点と点が繋がり「植物が記憶すること」がようやく、そして初めて証明された実験だったのでした。

有害物質も環境中へ

頼れる分解能力

酸素、食べ物、木材、衣類となる生地、薬用植物……あげればキリがないほど私たちに甚大な恩恵をもたらしてくれている植物たち。実は近年さらなる恵みが注目されています。それは植物が持つ土壌からの物質の回収能力と、分解能力です。通常、土壌から汚染物質を回収するためには、土壌の剥離と洗浄などとても手間がかかります。でも植物は、静かにそれを成し遂げるのです。

特定の植物は土壌から効率的に、重金属などの有害な元素を回収することが知られています。また、植物は、難分解性の有機化合物を土壌から吸収するだけでなく、分解することもできます。一例として挙げると、プラスティック工場で用いられる有機溶剤のトリクロロエチレンという化合物です。このトリクロロエチレンは、工業国では広い範囲で水質汚染を引き起こしているもの。そしてとても厄介となるのが、分子構造を破壊するのはほぼ不可能といわれてるのです。トリクロロエチレンによる汚染物質は数万年ものあいだ変質すること

なく残り続けるので、有毒な存在として知られています。けれども植物はこれをたやすく吸収し、塩素とガスと二酸化炭素、そして水に変えることができるのです。土中深くに蓄積したトリクロロエチレンは、ポプラや柳のように深く根を張る樹木によって回収と分解ができます。また、トウモロコシやアルファルファなどの農作物を汚染土壌の浄化に利用する試みが始まっています。

人間にとって有害な汚染物質さえも分解する植物の力に、多くの研究者が可能性を感じていることでしょう。汚染物質を無害化し、土と水を浄化してくれる植物の驚異的能力は、現在さまざまな汚染除去の技術にも応用されています。植物が強力な分解者としても働いてくれることは心強いですが、進化とともにすっかり植物依存者となった私たちの生活を考えると、植物に余計な負担はかけたくないものです。そのためにもまずは自然界に汚染物質を出さないよう心がけたいものですね。

植物が教えてくれる

分散化という新しい道

　言葉というものを巧みに使い、自由に動きまわる私たちヒトとは大きく異なったライフスタイルで生命を営み、子孫を繁栄させ続けてきた植物。その大きな特徴はまさに「分散化」です。

　まずボディーの構造から見ていきましょう。植物は脈動し続ける心臓のような急所を持たず、すべての機能を全身に分散化させています。そのため、部分的に葉っぱを千切られたり、枝を折られたりしても植物にとっては危機的な損失にはなりません。モジュール構造である全身で見て、全身で感じて、全身で問題を解決していくのです。

　脳という司令官のような臓器は、植物でいうと根の機能にとても近いですが、膨大な数の根端がセンサーとしての役割を担います。根が成長しながら収集した情報を各指令センターに集め、それをもとに根は伸びてゆく方向を定めていきます。植物1個体につき億単位、多いものだと数十億単位の根を張っていることを考えると、この集合的な脳のような存在がいかに繊細に働いているか理解できるのではないでしょうか。

　この根の動きは、粘菌や昆虫の集団行動にも見られるようなスティグマジー（集団的知性）を彷彿とさせますよね。無数の先端がつながった集団的知性、ヒト社会でいうとまさしく知性の相互接続状態であるインターネットがそれに近い存在です。ヒト社会のインターネットの存在は非ヒエラルキー型、非中央集権型の組織やワークスタイルを可能にし、より自由を与え、個々の可能性を広げることにも成功しています。

　私たちが求める豊かな社会へのヒントは、シアノバクテリアの誕生から数えて約27億年もの長い時を生きてきた、植物のライフスタイルから見出せるところが多々ありそうです。

③ 人と植物の文明史

植物園。その始まりは

薬草サンプルのトレードショー

　私たちが積極的に植物と関係を築きはじめたのは16世紀。その歴史は、薬用植物を体系的に知り、研究、維持するいわば植物サンプルが集まったカタログのようなラボ、世界の最初の植物園から始まりました。

　世界で初めて植物園がつくられたのは1543年、伊・フィレンツェ大学のチームがピサの斜塔近くにつくった植物園です。次いで1545年、パドヴァに、3番目はフィレンツェに、と植物園は瞬く間にヨーロッパ圏をはじめ世界中でつくられるようになっていきました。次第に一般社会でも、植物に触れる家庭用植物園のような存在まで求められるようになり、流行りだしたのが自宅でできるガーデニングです。まさに家庭版の植物園。庭園管理の仕方と魚釣りが合わさった書籍なども出始め、都市生活者が自然に触れるレジャーが流行し始めたのもこの頃でした。まるで現代のようですね。急速な文明発展に対し、都市生活者が無意識に有機体を求めた対象が、身近な植物だったのかもしれません。

　さてヨーロッパで始まった植物園ラッシュは、日本にもすぐさま到来しました。日本では1648年に徳川幕府が、後に和漢研究の中心地となる小石川御薬園を設けました。現在、小石川植物園（東京大学大学院理学系研究科附属植物園）

として受け継がれています。

　そもそも植物園が最初にイタリアで誕生したのはなぜでしょうか。それには医学部を持った大学が、古くからイタリアに根付いていたことが関係しています。最古の大学と言われるボローニャ大学をはじめ、パドヴァ大学、シエナ大学、フィレンツェ大学などは、現代も人類が解明してきた叡智を受け継ぎながら前線の研究を継続する教育研究機関です。

　中世時代は薬草や鉱物こそが、医療で使われる薬でした。医学の父であるヒポクラテスの町ともいわれた、サレルノのサレルノ医科大学を紐解くとさらなる歴史が見えてきます。中世ヨーロッパはキリスト教を中心とした社会で、修道院内で薬草が栽培され、治療に活用もされていました。修道院医学というかたちでその知識は修道士たちに受け継がれ、9～10世紀に大学の前身ともなるサレルノ医学校の開設へとつながっていきます（残念ながらその後衰して閉学）。植物園の起源を探ると西洋医学史の始まりへとつながり、いかに植物が長く人類の健康にも携わってきたかが明らかとなるのも、おもしろいところです。

人新世からはじまった

植物の大航海

　人新世の始まりにはさまざまな見解がありますが、今回は産業革命が起きた18世紀後半あたりを起点と捉えて、人間社会と植物の関係をおさらいしていきましょう。人新世における人間の活動は植物の分布を劇的に変えていきました。産業革命では衣類によく使用される植物、綿花を中心とした紡績業が盛んになり、さらには生地を染める植物染料が大活躍しました。衣服という形に生まれ変わった植物が、グローバルに飛び回った時代でもあるのです。1700年代はプラントハンターが大活躍した時代でもあります。植物園からの依頼で、とある植物を求めてプラントハンターが航海に出て、道中で見つけた魅力的な植物を植物園が買い取る。植物園とプラントハンターは持ちつ持たれつの関係でした。国交や文化交流がますます盛んになった時代に入ると、旅先で見つけたユニークな植物や和漢薬、ハーブをたくさん持って帰るのが定番ともなっていました。日本では長崎に長く滞在していたシーボルトが日本の植物を愛で、植物画をたくさん描き、日本に生息する植物の本など残しています。

　人新世の始まりから少し遡って1630年、世界最初のバブル経済の引き金となったのも、ある植物の仕業でした。球根1つで育てやすく、美しく鮮やかな花を咲かせるチューリッ

プ。瞬く間に園芸界のスターとなり、引っ張りだことなりました。海を越えチューリップの球根は数多の市民の手に渡り、その名残りを経てかオランダは今も園芸大国です。

　そして忘れてはならないのが太古より私たちをウェルネスの面でも支えて来た植物たちが、瞬く間に資本主義のマーケットを通して広がったことです。紀元前から美容に使われて来た植物の力は、近代に入るとさまざまなコスメプロダクトとしてグローバルに広がりました。同じく紀元前から人類を虜にしてきた植物の香りも、当初の儀式的な場面に限らずフレグランスやお香、アロマという形で生活の中に根づきました。心身の恒常性を支えて来た漢方、ハーブ、エッセンシャルオイル（アロマ）も、人々の生活の中で長く使われています。近年、不調や未病の解消のために、身近な健康管理術として取り入れたり、資格取得する人はますます増えています。

　なんとも軽やかな、動けない植物たちの世界進出。ある一面を見れば、人新世の始まりは、ヒトと植物の長く甘い蜜月の幕開けだったといえるかもしれません。植物はこれからもヒト社会にとってかけがえのないものとなっていくでしょう。願わくば、この蜜月がこの先もずっと続きますように。

人類共通の感性

樹木崇拝

　私たちとはまったく異なる生き方を選んだ植物たち。古の人々はなかでも樹木に自分たちとは異なる存在を感じていたようです。季節の巡りとともに蘇る姿に、樹木の内側の流れに、神聖で宇宙的な力を感じていたのかもしれません。また１年を通して緑の葉をつける常緑樹は、不死または豊穣の象徴と見なされることもありました。それらの表れが世界各地に伝説や神話となって残っている樹木崇拝です。たとえばインドやメソポタミア、エジプト、エーゲ海など古代のさまざまな文明圏で見られる、ある種の樹木、またはその集まりを生命の源泉、神の象徴と捉えて神聖する「生命の木」の思想。古代エジプトではマツやスギ、古代ローマではイチジクの木、地中海地域や古代ケルトの人々はカシの木に神聖なものを重ねて見ていました。北欧神話に登場するユグドラシルはトネリコとされていますが、世界を体現する大樹のモチーフで描かれることが多いです。このような世界を内包する樹木、世界樹のモチーフ、世界観も各地で見られるものでした。

　西洋ではキリスト教の普及とともに樹木崇拝は消えていってしまいましたが、今でも暮らしの端々にその気配を垣間見ることはできます。誰もが知っているところでいうとクリスマスツリーはその名残。またヨーロッパ北部では春から初夏にかけて、切り倒した森の木を村の広場に立てたり、各家のドアに枝を結びつける「５月の木（May-pole）」という風習が残されています。森そのものを神聖視していたゲルマンの人々が暮らした、黒い森と呼ばれるシュバルツバルトの森もある地域では、しばしば物語の形となって森が畏れを感じるもの、未知の世界の象徴として描かれています。それも当時の人々の樹木への思いの表れでしょう。

　今もアニミズムが息づく民族の暮らしには、トーテミズムのように特定の樹木を祖先や聖なる生き物と見なして飾り祀る習慣や、樹木の根元に新生児が生まれたときの胎盤を埋めて成長を祈る風習など、さまざまな樹木とのつながりが残されています。古の人々にとって樹木は宇宙や神、精霊、そして生命といった目に見えない世界を象徴するものであるとともに、人との間に神秘的なつながりを感じる存在でもあったのです。そしておそらくその感覚は、現代を生きる私たちの奥底に、共通して今なお残っているのでしょう。

世界でも稀な

日本人と巨木の聖域

　神社にお参りに行った際に、御神木を見たことがある人は多いですよね。長い歴史を感じさせる太い幹、無骨な木肌。巨木に霊性を視る巨木信仰は世界中に存在しましたが、日本のように、現在も都市や里山で巨木が守られ続けているのは世界的に稀だといわれています。それは、なぜか。神社やお寺といった、神聖な場所とともに大木が守られてきたという背景、そして、そもそも自然の中に神がいると考えていた日本古来の自然観が大きく影響しているのではないでしょうか。

　日本最古の巨木は屋久島の縄文杉といわれており、樹齢約3000年とされています。古事記や日本書紀に登場する須佐之男命（すさのおのみこと）が植えたと伝えられる、高知県の八坂神社の大杉も樹齢約3000年。佐賀県にあり、名僧行基がその一部に観音様を刻んだと言われる川古の大楠も樹齢約3000年です。

　福岡の立屋敷八剱神社（たてやしきやつるぎ）には、日本武尊（やまとたけるのみこと）が熊襲征伐（くまそせいばつ）の際に立ち寄り、都からこの地に逃れてきた砧姫（きぬたひめ）という娘と結

ばれた証として植えられたと記されたイチョウ
の木があります。それは樹齢約 1900 年。同
じく福岡・香椎宮には戦う皇后と称された
神功皇后が植えたとされる杉があり、それは
樹齢約 1800 年といわれています。

　歴史を紐解くと、神社の場合は御神木に限
らず、建物以上に森（杜）や木、山、滝な
ど、自然が神社本体と考えられ、自然と人間
社会が交わる重要な存在であったのがわかり
ます。月日のなかで人間社会や生活様式が変
化しても古木が守られ続けてきたのは、古来
の自然観が根底に流れる日本文化の特徴とも
いえるでしょう。

　大正時代に出された神社合祀令（一町村
一社）では、代々受け継がれてきた神聖な神
社が 3 年間に 5 万も廃止され、同時に広大
な森を失いました。博物学者、南方熊楠によ
る神社合祀反対運動も追い風となり、神社合

祀令は廃止されましたが、自然にも国民に
も甚大な傷を残すことになりました。反対運
動の最中に発せられた南方熊楠のメッセー
ジからは、長い歴史の中で築かれた日本
人と神社の関係性を感じられます。

　先祖から代々受け継がれてきた自然や文
化、地球の生態系は長い歳月の中で絶妙
なバランスと共に育まれてきた宝もの。壊
すのは一瞬のことかもしれません。けれども、
再生するまではうんと時間がかかります。そ
して失ったものの大きさ、知らない間に負っ
た傷の深さは未来で響き、気づかされるこ
とが多いもの。残された古木に感謝を抱き
ながら、私たちもまた後世に伝えられる大き
な木を育んでいけたら。それはきっと見守り、
見守られる、あたたかな関係性。

<Ecology>

④ 植物に学ぶ持続可能性

膨大な緑が消えゆく

近年の山火事

　いまや地球で暮らす人々の共通課題ともなっている地球温暖化の問題。そこに大きく関わる炭素の循環でも、私たちは植物に多いに助けられています。とはいえ世界の森林面積は悲しいことに減少し続けています。南米やサハラ以南のアフリカ、東南アジア、オセアニアを中心とする世界24ヵ所では、2004年から2017年までの期間に日本の1.2倍もの面積に匹敵する、約4300万ヘクタールの森林が消失したと報告されています。それは現在地球上にある森林の10%にもあたります。森林の減少は温暖化の進行はいうまでもなく、生物の多様性の損失や、新型コロナウィルスなどの動物由来の感染症のリスクも高めるとされています。

　そんな森林の減少にさらに不安を感じさせるのが、毎年世界中で報告されている山火事。2019年、米・カリフォルニア州では山火事によって東京都の面積の6倍以上もの森林が消失。同年末、オーストラリアでは、史上最悪規模の山火事が発生。ポルトガルの国土面積を上回る林野が消失し、多くの野生動物が生息地を失いました。さらに同年、アマゾンでは、熱帯雨林の火災が急増しました。

　山火事は、一度燃え広がり悪化すると、どうしようもないほどの多くの木々と生態系が失われてしまうのです。さらに山火事によって放出される温室効果ガスは無視できないもので

す。植物などに蓄えられていた炭素が燃焼し、二酸化炭素、メタンが一気に空気中に戻されていきます。2020年、カリフォルニア州、オレゴン州、ワシントン州の山火事による温室効果ガス放出量は、21世紀に入ってからの平均放出量の3倍に達したという報告もあるほど。一方、東南アジアの熱帯雨林火災では、地層中の泥炭への引火が消火を妨げ、さらなる CO_2 発生につながります。また北極圏での山火事も恐ろしいものです。北極圏の凍土には二酸化炭素の25倍も温室効果があるメタンが大量に眠っています。

　現在の気候変動と山火事の原因との関係は、さまざまな議論がありますが、現在進行中の気候変動が山火事を助長しているのは明らかだと言い切る研究者も多数います。まだデータには表れきっていなくとも、気温の上昇、湿度の低下、降水量の低下、強風といった、今後気候変動によって変わりゆくであろう地球の環境は、山火事の原因となりえるのは確か。山火事と気候変動はメビウスの輪のように解けない関係にあるのです。自然現象のひとつでもある山火事。これを自然のサイクルが受け止められる範囲内で起きる現象に収めるには、ヒトの手による原因をいかに抑えていくかにかかっています。山火事もヒトも自然のサイクルからはみ出さない存在でありたいものです。

植物を食べて植物を救う

未来に向かうパラドックス

　私たちの食料の基盤となる植物。産業革命以降、うなぎ上りに増えて続けている人口を支えるだけの食用植物を、私たちは確保し続けることができるのでしょうか。まずは人口の推移を数字で見てみましょう。1750年、産業革命が始まって間もない辺りの人口は約7億人でした。一気に飛んで2021年、人口は79億人近くとなっています。10倍以上！人口がどれだけ増えようとも、私たちは産業革命時と変わらぬサイズの惑星の上で、今日も明日も100年後もみんなで生きていかなければなりません。

　ここで知ってほしいのがヒトが植物をたくさん食べることで、食料植物の消費量を減らせるということです。多くの農家は家畜を飼育するための飼料となる植物を育てるのに、膨大な面積の土地を使っています。ヒトが肉でタンパク質を摂るとなると、植物でタンパク質を摂る時に比べて約20倍の植物を消費するといわれています。動物の中での生き物の割合をいうと人間と家畜動物が大半を占めており、野生動物はほんの僅か。植物をより多く食べることは、家畜を飼育するために消費される植物を減らす事に繋がり、結果的により多くの植物で人間の食糧をまかなえることへと繋がります。
農地の占有面積から考えても、現在の半分、もしくは1/3の量でも畜産業の割合が減るだけで、人類の食糧問題、エ

ネルギー問題、環境問題は大きく改善されるとされています。家畜は人間と同じくらいのバイオマス（生物総重量）を占めていますから！

　そこで課題となってくるのが、動物性タンパク質と同等か、より良質なタンパク質をいかに補うか。ぜひシェアしたいのが植物に微生物を掛け合わせることにより、植物性タンパク質から良質なタンパク質を効率よく生産する「発酵×植物食」の提案です。代表格の一つと言えるのはビール酵母。微生物はでんぷんをタンパク質に変える変換器なのです。特に酵母が持つ必須アミノ酸のバランスは完全食に近く、ヴィーガンの人たちのタンパク源として頼もしい存在となっています。ビール酵母を使えば、1キロのタンパク質を含む穀物を原料に5キロのタンパク質がつくられます。ちなみに、牛肉の場合、タンパク質1キロを含む穀物飼料から、50グラムのタンパク質しかつくられません。

　そして忘れてはならないのが発酵によって大量に出てくる二次産物のエタノール。植物を積極的に食べ、さらには植物と微生物の掛け合わせを活用することによって、良質なタンパク源を含む栄養に加え、エネルギーとなるエタノールからつくる美味しいビールを飲める夕ご飯。そんな100年後を、私たちは迎えられるかもしれません。

緑 talk

NOMA × ステファノ・マンクーゾ（植物学者）

NOMA 小さい頃から樹木や草花が大好きで、両親の昆虫調査の手伝いで一緒に山に入っているときも、私は木登りをしたり、植物採集をして標本をつくるのに夢中でした。モデルを始めてからは、植物がいかに人のウェルネスや精神面、身体に大きく影響するかがわかって、改めてのめり込みました。植物について知れば知るほど、私たち人間は植物から学べることが沢山あるなと感じています。先生は、人類は植物から何を学べるとお考えですか？

マンクーゾ 私の新しい本が3月に米国で出版される予定で、題名は "The Nation Of Plants" です。その中で私は、植物によって書かれた憲法の世界を想像しました。憲法はほんの一握りの人間によって書かれましたよね。これが私たちが環境問題の危機に直面している理由のひとつです。私たちが理解しなくてはならないコンセプトは、「生命」とは「ネットワーク」だということ。私たちは環境内にいるすべての生命、そして生態系を救ってこそ、人類

生態系を救ってこそ、人類にも救いが訪れるのです ——マンクーゾ

にも救いが訪れるのです。

NOMA そうですよね。地球の時間で見ると人類の歴史って誕生してから本当に浅いじゃないですか？ それなのに人口増加が激しくて生態系にストレスを与えたり、文化間でせめぎ合いが起きたりしてますよね。植物は約27億年、本当に長いあいだ地球上に存在してきました。そして生態系の要として、ちゃんと循環の輪の中にいます。すべてのものはつながっているので、1つのことを解決したからといって自分たちを救えるわけではないと思うんです。

マンクーゾ "The Nation of Plants" のなかでは、植物の憲法8か条をすべて植物の視点で書いていて、植物から学ぶべき法則が描写されています。たとえばエネルギー。植物はエネルギー製造のエキスパートで、生存に必要なだけのエネルギーすべてを太陽の光のみで補います。

NOMA 魔法のようにも感じますけれど、星からエネルギーが放射されているのって宇宙の法則ですよね。エネルギーを得るのに光を使うのは、理にかなっている気がします。

マンクーゾ その通り。前世紀の初めごろ、ひとりのロシア人の植物学者はこう言っています。「植物は、太陽エネルギーと動物たちをつなぐ

光からエネルギーを得るのは宇宙の法則に叶っている気がする —NOMA

"かけ橋"である」と。植物こそが太陽からエネルギーをお裾分けしてもらっていて、動物は植物がいなければエネルギーを得られません。これが植物憲法の1つ目「変換」です。植物は太陽光を化学エネルギーに変換するプロセスを二酸化炭素を一切出さずにやってのけ、さらに二酸化炭素を固定してくれます。副産物は酸素なので、言うことはありませんね。私たち人間とは、まったく真逆。想像してみてください。人間がエネルギーをつくるのと同時に、二酸化炭素を固定して酸素を排出する未来を。エネルギーこそ植物から学ぶべきもののひとつですよ。なのに人類は2021年になっても、光合成の仕組みをまだ完全に解明できていません。まるでリサーチが進んでいないのです。

NOMA　光合成が完全にわかっているわけではないって……そうなんですね！ そして、植物を知るほどに感じるのが、植物の分散化された生態システムの素晴らしさについてです。経済やエネルギー、災害対策、パンデミック対策、さまざまな点において、私たち人間社会に置き換えて考えても、学べるところがあるように思います。

マンクーゾ　それこそ、8か条の2つ目「組織」につながる話です。人間社会は、自分た

植物こそエネルギーづくりの見習うべきエキスパートです —マンクーゾ

ちの体を模倣したように組織化されています。動物は頭に脳があってそれが体のすべての臓器を統制していますよね。同じように、会社、大学、医療機関などの組織のどれを取ってみても、まずトップからコントロールが始まり、機能別に組織化されている。まったく脆い構造です。考えてみてください。もし10人の天才が世の中を牛耳っているとします。でも100万人のクリエイティビティに敵うわけがありません。これが私たちの問題で、人間社会は人々の潜在能力を引き出す構造を組み立てなくてはと思うのです。一方で植物は「分散化」に特化した生物です。中央集権型システムがなく、インターネットのように、全体に広がったネットワークを持ちます。そして、まるで「足るを知る」を体現しているかのよう。逆に動物は原始的にできていて、消費せずにはいられません。2050年には世界人口は100億人に到達するという試算があり、地球はそれほどの人口をサポートできないといわれていますが、それは違うと思います。なぜなら、そのすべての人々が「消費」して暮らす必要はないからです。

※植物憲法8か条のほかの項目は、ステファノ・マンクーゾ氏の新著書 "The Nation Of Plants" に収録されています。

監修：**藤井一至**

土

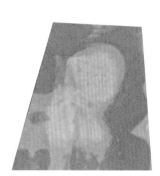

私たちが駆けまわる土

子どもの頃に丸め遊んだ土

あたり前のように感じる足元の茶色は

地面の中で日々蠢く

小さな小さな分解者たちの

縷々たる代謝が

紡ぎ重ねた宝もの

この茶色い宝ものをなくして

愛する仲間と囲んで食べる

美味しい食事は絵空ごと

蝶よ花よ土よ

地殻

上部マントル
（岩石）

下部マントル
（岩石）

外核

内核

<Science>

① 土 の 下 は ワ ン ダ ー ラ ン ド

私 た ち は 地 球 の 皮 膚 の 上 で 暮 ら し て い る

　農業やガーデニングをしている人でもない限り、土に触れた記憶は遠い日の思い出かもしれません。ですが私たちは紛れもなく「土の上に生きる、知恵を持つ者」。Human の語源を遡りインド・ヨーロッパ語族祖語にまでいくと、hu- は「大地」、-man は「考える」を意味していたという説があります。コンクリートに覆われた都会だと遠い記憶になりがちですが、私たちは土の上で暮らしてきました。土を踏みしめて、土の上を歩き、さまざまな想いや知恵を巡らせて、今ここにいるのです。

　空気と同じくらい存在を当たり前に感じてしまう土。地球規模で見ると実は土と呼べるものは、ほんのわずかしかありません。半径およそ 6,400 キロメートルの地球。その内部は中心からコア（核）、マントル、そして岩石でできている地殻の順に層になっています。肝心の土はというと、地殻の上を覆っているほんの薄い部分だけ。日本でも約 1 メートル、地球上の土を平均するとたったの 18 センチ程度の深さにしかなりません。この薄さゆえ「土は地球の皮膚」といわれています。地球に生きるすべての生き物はこの薄い皮膚の上と中で、相互に関わり合いながら生を営み、その生命を循環させています。

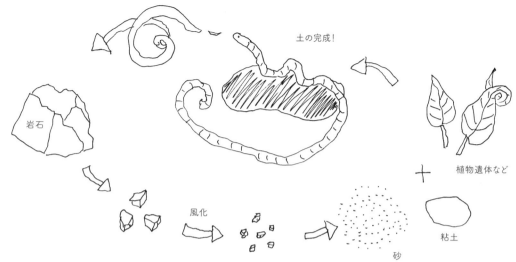

土の完成！

岩石

風化

砂

粘土

植物遺体など

岩から始まり岩で終わる

地味だけど土の一生は壮大だ

　よく「土づくり」っていいますよね。では土そのもののつくり方って、知っていますか？ 少し想像してみてみましょう。岩を細かく砕いたら土になるでしょうか。砂に水をかけてみたら……？ どちらも残念ながら、植物を育み、生命が循環する土壌、にはなりません。土（土壌）の定義は「岩が分解したものと、死んだ動植物（腐植）が混ざったもの」を指します。シンプルな材料ですが、この2つの素材が土へと変貌を遂げるには長い長い年月と、素材を調理してくれる生物たちの存在が不可欠です。ちょっと地味だけれど、壮大な土の一生。ハイスピードで追いかけいってみましょう。

　土のはじまりは岩石です。地表の表出した岩石は水や酸素、また微生物などの働きによって、時間をかけて小さなかけらに「風化」されていきます。その間、ゆうに何万年。ボロボロになった岩石が水に溶け出して化学的な変化を経て、濃縮・結晶化すると別のものが出来上がります。土のネバネバのもとでもある粘土です。粘土ができたらやっと「死んだ

動植物」の出番。材料となるのは落ち葉や枯れ草などの植物遺体や、動物や微生物の遺体やフンなど。これらを細菌や菌類が跡形もなく分解して腐葉土にし、さらにそれが変質して「腐植」と呼ばれるものになります。腐植の一部と粘土が混ざり合い、やっと土の完成です。土と腐植を混ぜ合わせる役目を担っているのは、ミミズやダンゴムシなど土の中に住む生き物たち。彼らがコロコロとした土の塊をつくり、またその塊を団結させることによって（団粒構造）、酸素が通り、排水性も良い、植物が喜ぶ元気な土が出来上がるのです。

　ではこの一連の流れはどのくらいの歳月でなされているのでしょうか。比較的土ができる速度が早い日本でも、新しい土は100年かけて1センチ。アフリカでは1センチの厚みの土ができるのに、なんと1000年！ そして土はまた何億年もかけ、いつの日か岩石へと戻っていく。私たちが触れている土は何万年、何億年で巡る土の一生の、ほんの1ページにも満たないのかもしれません。

微生物たちによる

土の中のシーソーゲーム

　土の下には目に見えない巨大な社会が広がっています。それはまるで私たちの社会のよう。暮らしているのは数え切れないほどの細菌や菌類。古細菌（アーキア）やウィルスもいます。土の中に住むダニやミミズ、ダンゴムシなども土社会の一員です。コーヒースプーンで土をすくってみると、その1杯（5グラム）には50億個体もの土壌細菌がいるといわれ、さらにカビやキノコといった菌類が5グラムの土の中に10キロメートルもの長さの菌糸を張り巡らして頑張っています。

　彼らの暮らしはというと、まさに競争と共生が同時進行。それぞれが生きるためにエサを食べ、呼吸し、排泄をしながら、土を土たらしめるための役割を全うしています。カビやキノコといった菌類は酵素を出して、落ち葉などの植物遺体を細かく分解する係。水に溶けたそれらを食べて吸収し、植物が喜ぶ栄養分（窒素やリン）へと変えるのが細菌や古細菌の役割、というように。この過程で土に欠かせない腐植もつくられます。そして土の中で密集して暮らしていれば、彼らもストレスがたまるよう。微生物たちはエサを巡る縄張り争いのために、他の微生物を攻撃する化学物質すらつくり出しています。実はヒトが使っている抗生物質も、これら微生物の

活動から発見されたものなのです。

　最近では人間の腸内と土中の環境や細菌の働きの類似性も語られるようになってきました。ただその多様性は自然の土には遠く及ばないもの。待っていれば栄養が手に入る人間の腸内細菌は数千種類、およそ100兆個。一方、土の中は状態にもよりますが、1グラムあたりに数万種もの微生物がいるとされています。ちなみに手つかずの森林の土と、栄養を与えられている畑の土を比べてみると、畑の方が圧倒的に微生物の数も種類も少なくなります。人間がイチから土を生み出せないのは、この微生物の多様さも一因。土のレシピは土で暮らす微生物たちしか知らない、地球の秘密のひとつなのです。

関連：p053-056（微生物の章）

植物の根を通して
土は世界とつながっている

　土の中に息づく微生物たちの社会は、地球の大きな循環システムとも繋がっています。つなげているのは、土に根を張って生きる草や樹木。二酸化炭素を酸素に変え、循環システムの要となっている植物たちです。植物と土、というよりも植物と土の中の微生物との共生関係は、それこそ地球に初めて土ができる瞬間から始まっていました。現在も陸上植物の8割は、菌根菌と共生しています。菌根菌とはカビやキノコの仲間のこと。植物と菌根菌の関係は、さながら美味しいごはんを物々交換する友人どうし。菌根菌は土中の水分や栄養分を吸収して植物に与え、代わりに植物から光合成によって生成された糖を得ています。

　土の中を覗いてみると、まるでもやのように植物の根のまわりに菌糸がとりまいているのを見られることがあります。菌根菌の菌糸はマイクロメートル単位と、ものすごく細く、長く伸びる。植物にとっては自身でがんばって根を伸ばすより、菌根菌に頼ったほうが栄養分を得る表面積を圧倒的に広げられるというわけです。たとえばマツやブナ、フタバガキなどの樹木は、菌根菌のなかでもキノコとの共生を選びました。マツタケを探すならアカマツの下を、トリュフがほしいならナラの森へ……。そんな言い伝えのようなキノコ探しのヒントは、樹木とキノコの共生関係をも教えてくれています。また植物が育ちにくい土地でもすくすくと育つマメ科の植物は、根粒菌という菌と共生関係を結んでいます。根粒菌は植物が吸収を苦手とする窒素を、大気中から取り込み栄養分に変えてくれる優れもの。人間が農作物のために化学肥料などを投入して土中に窒素を加えている作業を、根粒菌はその身ひとつで行っているのです。

　植物の根の周りには周囲の土と比べ、100倍近くの微生物が集まっていることも。それもそのはず植物は根を通して栄養豊富な成分を分泌し、菌類たちを常に手招きしています。最近ではそれらの成分を通して、植物から菌類を含む土中の微生物にさまざまなメッセージが送られている事実も明らかになりつつあります。それはきっと根に供給する栄養分のリクエストや、腐植の分解の速度など。地球の生命を大きく支え、地球全体の循環の鍵ともなっている森。その存在は土の中の微生物と、植物の緻密な共生関係が生んだものでした。

関連：p053-054（微生物の章）、p085（緑の章）

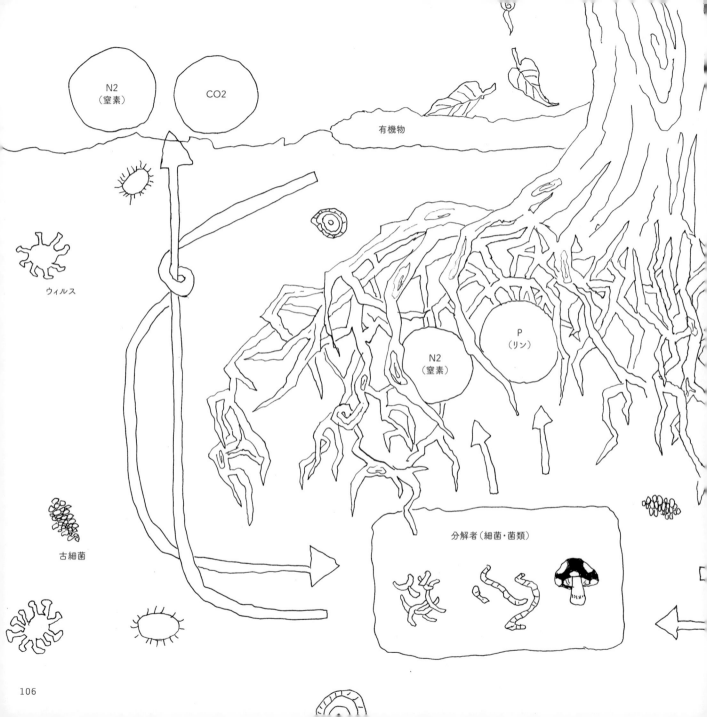

N2
（窒素）

CO2

有機物

ウィルス

古細菌

N2
（窒素）

P
（リン）

分解者（細菌・菌類）

K
（カリウム）

カビ

土中に生きる彼らも大活躍！
植物遺体を細かくしたり、土をかき混ぜたり、フンを出すことで土の団粒構造をつくったりしている

<Science>

② 地球を塗り分ける5色の土

スウェーデンの子どもは
土の色を「白」く塗る!?

　1つ前のページに色を塗るとしたら、土の部分は何色でしょうか。日本で育った人なら大抵の場合、黒か茶色。少し明るく黄土色や灰色を選ぶ人もいるでしょう。沖縄や小笠原諸島が故郷の人は、もしかしたら赤で塗るかもしれません。ところが飛行機に乗ってひとっ飛びスウェーデンまで行くと、ほとんどの人が白を選びます。アフリカ大陸の場合は、赤い色で塗られることが多いのだとか。アートじゃなくて、写実的な表現の中での話です。なぜってその土地の土の色が本当に白っぽかったり、赤っぽかったりするからです。

　そう、土といっても色も種類もさまざま。たとえばアメリカ農務省による分類法では、アメリカだけで2万種以上にも分類されているほど土は個性に溢れています。色の話に戻ると土の構成成分のうち、腐植は黒色、砂は白色、粘土は赤や黄色をしています。土の色はこれらのバランスと、粘土の種類によって決まります。日本の黒い土は腐植の割合が多く、アフリカの赤い土は赤い粘土の量が多いというわけ。ただ同じ色に見えたら同じ性質の土かというと、そうでもないのがポイント。土の性質の違いとなると、もう少し条件が多くなります。もととなった岩石の種類、地形、気候、そこで暮らす生物、時間の5つの条件が関わってきます。

　とはいえそんなにたくさんの種類の土のことなんて知っても……と思いますよね。でも大胆に分けると「土は12種類!」と言われたら? ちょっと興味が湧いてきませんか。土の種類と育つ植物、つまり私たちの食べ物は、とても密接につながっています。日本でお米がたくさん採れて、しかもとても美味しいのは、日本の茶色い土のおかげでもあるのです。そんなわけで次のページからは、12種類の土——黒い土5つ、赤い土2つ、白い土2つ、黄色い土1つ、茶色い土2つ、を紹介しながら地球を巡っていきます。もしかしたら少しお腹がすいちゃうかもしれませんので、気をつけて!

5つの土の色で塗り分けた世界の土地図

（イメージ）

黒い土

── 人類を虜にしてきた土と土になりきれない土

世界で最も肥沃な土は、5種類ある黒色の土のなかにあります。では黒色ならば全部が肥沃な土かというと、そうとも言えなくて……。

【人類を虜にしてきた、チェルノーゼム】

世界の三大穀倉地帯、ウクライナ周辺、北米プレーリー、南米パンパの土は、全部同じ「チェルノーゼム」に括られます。土深くまで腐植があり、粘土、砂の量もバランスが良い草原の下で育まれた肥沃な土。土が似ているのは、生まれや育ちも似ているから。遠い昔、氷河が削り出した土砂のうち、肥沃な塵が風にのって運ばれました。このおかげで3地域とも肥沃な土となり、小麦の主要な生産地。チェルノーゼムは美味しいパンやパスタを生んで、世界中の胃袋を鷲掴みにしています。

【宮沢賢治も悩ませた、黒ぼく土】

黒くてふかふかな「黒ぼく土」。日本の畑の約半分を占めている土ですが、世界的に見ると1％にも満たない稀少な土でもあります。火山灰由来で、発達がとても早いのが特徴。100年に1センチの厚さで土ができるので、私たちは縄文時代の人々が暮らしていた地面よりも1メートルも高い場所で暮らしている計算に。この黒ぼく土、酸性なことと、粘土の種類から、農作物を育てるには手を入れる必要があるのが残念なところ。生前は詩人・童話作家として無名だった宮沢賢治が土を改良する農業指導に取り組んでいたのも、この黒ぼく土でした。

【見た目と裏腹な、ひび割れ粘土質土壌】

乾燥するとひび割れができ、スコップも歯が立たない……そう書くと悪い土のようですが、実はチェルノーゼムと肩を並べるくらい肥沃な土です。ひび割れの間に腐植や粘土が落ちて、土の下層まで豊かになるという仕組み。インドやエチオピア、オーストラリアに分布し、特にインドでは綿花の大生産地として利用されています。

【土未満の、泥炭土】

湿地帯に多い「泥炭土」。水浸しで酸素が届きにくいため、微生物が窒息して分解活動がストップ。植物遺体がそのまま蓄積し、腐植にはなりきれていない状態で、農耕には不向き。実は地中で数千万年も経てば石炭に変わります。

【樹木もヨロヨロ、永久凍土】

夏でも少し掘れば氷が出てくる凍った土も、微生物たちによる分解がほぼ行われない土未満の土。野菜は育たず、樹木も成長がゆっくり。シベリアやアラスカでは根を深く張れずにヨロヨロ生える樹木の森が「酔っ払いの森」と呼ばれています。

赤い土と白い土

—— 食いしん坊たちを喜ばせている土はどれ?

　粘土の量が多い赤い土と、粘土がほとんどない白い土。対照的な2つの土は育つ植物や農作物もやっぱり対照的なようです。

【夕日の赤が増す、オキシソル】

　中央アフリカのコンゴ高原や南米アマゾンでは、地平線が望めるだだっ広い平原に赤レンガのような赤い土「オキシソル」が広がっています。この赤は鉄が錆びた色。5〜20億年前にできた土から砂や有機物の成分がだんだんと減っていき、鉄だけが取り残されました。栄養分の保持は苦手ですが、フカフカと使いやすい土。タピオカの原料のキャッサバやコーヒー、カカオなどの生産地になっています。

【朝食や乾杯の台所、粘土集積土壌】

　コーヒーに乳製品、小麦やメープルシロップ。さらにヤムイモやワインに使われるブドウ、オリーブなど。地中海沿岸や亜熱帯・熱帯地域、北米プレーリーの北側など、世界各地に点在する赤い土、「粘土集積土壌」も世界の台所を支えています。地表は砂が多いけれど、下のほうは粘土がたくさん。耕して混ぜ込むと優秀な農地や牧草地へと姿を変えてくれます。

【キノコがつくった、ポトゾル】

　灰色のような土を意味する「ポトゾル」は、白っぽい砂質の土。北欧、北米の東海岸に集中し、粘土も有機物もほとんどないため残念ながら農業には適しません。ポトゾルをつくった犯人はキノコ。菌糸から出る酸が粘土を溶かし出し、溶けなかった成分だけが取り残された結果、白い砂となりました。野菜は育たないけれど、キノコ狩りには向いているかも。

【塩っからい、砂漠土】

　風化によって砂だけが取り残された白い土が砂漠土。1年のうち9ヵ月以上のあいだ土が乾く乾燥地の土をまとめて砂漠土と呼びます。必要な水の量が降水量よりも上回るため、塩化ナトリウムなどが溶けた地下水が上がってきて、砂漠土は塩分が多くなることも。不毛な土地の印象ですが、水分さえあればオアシスのように肥沃な土に変わる振れ幅の大きい土です。

黄色い土と茶色い土
—— 田んぼの土は土の中では若手世代

　東南アジアに多い黄色い土と、日本で見慣れている茶色い土。地域的にも土の色としても近しいようですが、土の豊かさという点では差があるようです。土の種類とヒトの暮らしや、農業の方法とのつながりを感じる2色の土を比較しながら見てみましょう。

【厳しい環境の、強風化赤黄色土】
　東南アジアやアメリカ南東部の熱帯低地に分布する黄色っぽい土。樹木が土の栄養分を吸収して土が風化し、粘土だけが取り残された状態です。強い酸性でもあるため野菜が育ちにくく、住人泣かせ。樹木を燃やすと酸性を中和できることもあり、焼畑農業によって稲作やイモ作が行われています。

【田んぼを任される、若手土壌】
　黒ぼく土と並び、日本で見慣れている茶色い土「若手土壌」。日本の山の土であり、田んぼの土でもあります。適度な腐植と、酸化した鉄（鉄は湿度が多いところで酸化すると黄土色やオレンジになる）が混ざり合ってできた粘土質の土。完全な土というには一歩手前の状態で問題も多々ある土ですが、日本では水田をつくることで二千年ものあいだこの若手土壌を使いこなしてきました。

【土の赤ちゃん、未熟土】
　若手土壌のさらに手前の状態を指す、岩石と土の間のような「未熟土」。すべての土がこの未熟土の状態を通ります。なかでも土の発達が早く、若返りを絶えず繰り返している日本の山はこの未熟土が豊富。これが成長して若手土壌になっていきます。

もともと地球は

土のない惑星だった

今では土の種類を巡ることで地球を一周できるくらい多種多様な土ですが、地球の歴史から見ると土はなかなかの新参者です。陸上で暮らす動物たちよりは先輩。だけど、陸上の植物よりはほんのちょっとだけ後輩というところ。地球で初めての土ができたのは、46億年の歴史の中でほんの5億年前のこと。海の植物が光合成によって酸素を吐き出してくれたおかげで大気にオゾン層ができ、植物が陸上に上がれるようになった後になります。実は現代でも5億年前の土を見られる場所があります。カナダ北部のオーロラで有名な町、イエローナイフ。町のあちこちに5億年前からその場所にあるという赤い岩石が表出していて、土はほとんどありません。でも岩の上を歩いてみると、もこもこ、フカフカ。緑色と白色が混ざって絨毯のようになったコケと地衣類（樹木などに模様をつけている菌類と藻類が共生している生き物）が岩石を覆っているのです。このコケと地衣類の植物遺体こそ、地球最初の土の材料となったものなのです。

それでは5億年前に遡り、土の誕生物語を見てみましょう。はじまりは海から陸上に、植物たちが進出し始めたことです。

まだ岩石だけが広がる陸上で、最初に息吹いた植物は、イエローナイフの地面にもいた地衣類やコケでした。逞しい開拓者である地衣類やコケは光合成の他に生存に必須な栄養分──リンやカルシウム、カリウムなどを手に入れる方法として、酸性物質を放出して岩石を溶かす作戦を選びます。溶かされた栄養分の一部は彼らが吸収し、でもその大部分は残されて砂や粘土を形成していきました。それらと地衣類やコケの植物遺体が混ざり合い、地球最初の土がゆっくりと、地道につくられていったのです。とはいえまだそれはイエローナイフの土と同様、「土」とは呼ぶには首を傾げる状態のもの。誰もが納得する土ができたのは、さらに1億年も経ってからです。植物の世界にシダ植物が登場し、彼らが土に根を伸ばす選択をしたことから、植物と土中の微生物との共生関係──分解と栄養分のやりとりの循環が築き上げられ、土らしい土がつくられる時代になっていきました。なお当時の土は「泥炭土」。その頃にできた土が時を経て、メタモルフォーゼした存在が「石炭」なのです。

関連：p076（緑の章）

土は地球の奇跡なのか

宇宙への旅

　足元ばかり見つめてきたので、ここではちょっと顔を上げて空を見てみましょう。空の向こうに広がる深淵な宇宙。そのどこかにも、土を持った惑星があるのでしょうか。それとも土は地球にしかない奇跡なのでしょうか。2021年現在、私たち人類が実物を持ち、分析までできているのは、月と火星の2つの星の地質のみ。まずはこの2つの星の地面まで旅に出てみましょう。

　「まるでパウダーのようだ」とは、1969年に月面に降り立ったアポロ11号のニール・アームストロング船長の言葉。地球に届いた写真には火山灰のように灰色がかった地面に、彼の足跡がくっきりと刻まれていました。岩石があってもそこに土があるとは限らないのは、5億年以前の地球と同じ。では、アームストロング船長による月への最初の一歩を受け止めたのは、土ではないのでしょうか。月と地球の材料はとてもよく似ています。暗く見える月の海の部分は、鉄を多く含む玄武岩。白く明るく見える部分（月の高地）はケイ素やアルミニウムを多く含む斜長岩。どちらも地球に多い岩石です。ただ誰もが知っている大きな違いが2つ。月には生物がいないこと。そして流体の水も今のところ発見されていないこと。

そのため腐植も粘土もできません。そう、月の岩石はどんなに細かく風化し、時を重ねても、砂より先には進めないのです。パウダーとたとえられた月の土的なものは、だいたい小麦粉くらいのサイズ。2マイクロメートル以下の地球の粘土粒子と比べるとかなり大きい砂だったのです。

　では生命が存在する可能性にも期待が寄せられる火星の地面はどうでしょうか。火星の地表面はイメージ通り赤色をしています。ほとんど永久凍土で、かつては流体の水が存在したと考えられています。地球で赤い土といえばアフリカなどに分布する「オキシソル」。火星の赤もオキシソルと同じく、ヘマタイトといわれる鉄が錆びた結果の色です。つまり火星には粘土がある！ ただ動植物はもちろん、微生物も今のところ見つかっていないため、腐植がありません。火星の地面も粘土どまりで土があるとはいえないのが現段階での結論です。火星によらず、もしも動植物や微生物がいて、水のある惑星があったとして、彼らが地球と同じような代謝システムや共生関係を選ぶかどうかは、想像を超えたところ。地球外の土を探すのは地球外生命体を探すのと同じくらい、ロマンチックな冒険なのです。

<Culture>

③ 土 か ら 見 た 人 類 史

土 の 視 点 で 覗 い て み よ う

世 界 史 こ と は じ め

「文明の盛衰は土とともにある」と書いたら、少し大袈裟かもしれませんが、人間の歴史は土とともに生きてきた歴史というのは本当のこと。狩猟によって生きてきたかつての人々が土との距離をぐっと縮めたのは、農耕を始めた1万年前頃です（日本は農耕デビューが遅くて二千数百年前頃）。人々は農耕に適した土を探し、集まって暮らし始め、それが文明の発展につながっていきました。彼らの多くが選んだのは温帯の半乾燥地帯。中性でカルシウムの多い肥沃な土があり、大きな河がそばを流れて水を運んできてくれる土地です。そういえば歴史の授業では、メソポタミア文明にはチグリス、ユーフラテス川、エジプト文明にはナイル川、インダス文明にはインダス川など、古代文明の多くは大河とセットで覚えたことを思い出しませんか？

これらの文明は大河の恩恵を受けて土を豊かにし、文明を発展させていきました。でも現在は古代文明の多くは廃墟になっていますよね？古代文明の衰退には土が関わっていたようです。たとえば灌漑によって栄えていたメソポタミア文明は、人口増加にともなって家をつくる焼成レンガを焼くために河の上流の木を伐採した結果、大河の氾濫、洪水を招いてしまいます。流れてきた泥で灌漑が埋まり、土の塩害・塩類集積が問題に。食料の生産量が減るばかりか、土の砂漠化が進行し、豊かだった土地は人の住めない土地へと変わってしまいました。インダス文明は気候変化によって河の流水量が減り、十分な水が土に行き渡らなくなったことが衰退の一因とされています。繁栄が長く続いたエジプト地域も、近代に入って過剰な灌漑により土の塩類化が起きてしまっています。国と国の争いの原因を紐解いてみても、肥沃な土の取り合いが見えてくることも。土の目線で歴史を振り返ると、また新たな発見がありそうです。

現代に戻り人口分布図と土の分布図を見比べてみると、「チェルノーゼム」「粘土集積土壌」「ひび割れ粘土質土壌」など、肥沃な土の畑がある地域ほど人口が密集していました。つまり農耕を始めた1万年前から現代にいたるまで、人々は肥沃な土の虜なのです。

私たちのお腹はほぼ 3 種類の
土で満たされている

　ここで一旦、良い土の条件を整理しておきましょう。この章で何度も出てくる「肥沃な土」は、作物を育てるのに適した土のこと。実は肥沃と言い切れる土は、陸地面積のたったの 11％。そこで世界人口のおよそ 8 割にあたる 60 億人のお腹を満たしているのです。理想的な肥沃な土の条件はこの 4 つ。

1. 粘土と腐植に富んでいること
2. 植物が求める、窒素、リン、ミネラルなどの栄養分に過不足ないこと
3. 酸性でもアルカリ性でもなく、中性に近いこと
4. 排水性と通気性が良いこと

　これらをほぼ満たしているのが、土の皇帝「チェルノーゼム」と「粘土集積土壌」、そして「ひび割れ粘土質土壌」です。ただそれ以外の土も、アプローチ次第で今まで以上に肥沃にしていけることも。たとえばインドネシアには、肥沃な黒い表土が 3 センチ程度しかありません。1 年作物を育てただけで、土がなくなってしまいます。でも休ませている間に落ち葉や雑草を入れるなどすると、20 センチまで土を増やせたという例も。世界の人口が増え続けている今、近い未来に予想される、肥沃な土不足から来る食糧不足の回避は大きな課題。豊かな食卓は、肥沃な土の維持と、肥沃ではないとされている土を生態系の一部としてどう再生させていくかにかかっています。

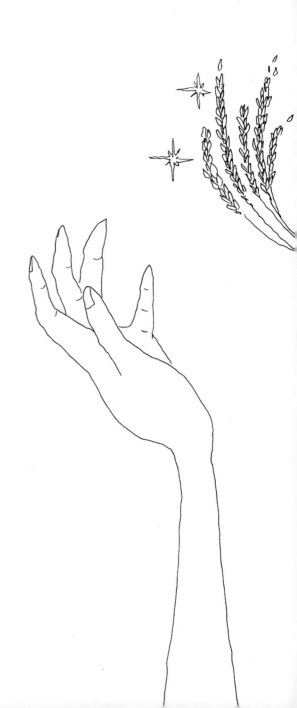

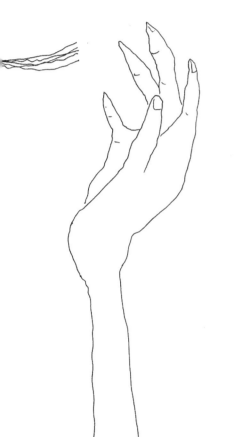

日本の土って
豊かじゃなかったの?

　緑豊かな森の国、日本。肥沃な土には数えられていない「黒ぼく土」と「若手土壌」が主要な土ですが、日本ではこれらの土をうまく使いこなして畑と田んぼに活用してきました。活発な火山活動のおかげで生まれた発達の早い黒ぼく土は、台地に堆積し、主に畑に。火山灰と豊富な腐植が混ざり合ったこの土は、酸性になることと、粘土がリンを吸着してしまい、植物に栄養が届きにくいことが難点。日本の農業にとって、これこそが課題でもありました。

　もうひとつの見慣れた茶色い土「若手土壌」こそ、日本の里山風景をつくってきた立役者です。山で生まれ、雨などによって流された若手土壌は、平野部に溜まって厚い土の層をつくってきました。若手土壌も酸性。ところが、私たちの祖先は用水をつくり、この土を水田とすることで、弱点を克服してきました。田んぼの中では土は中性になり、リンも開放されます。このように日本では、若い土を農業を行うのに扱いやすい土に変えていったのです。決して肥沃とはいいきれない土が稲のための肥沃な土に変身し、豊かで美しい、黄金色の田園風景を支えてくれています。

④ 土が守ってくれている！

地球がぜんぶ砂漠になっちゃう？
ナイーブな土を守るには

　未来の地球を語るときに、「砂漠化」という言葉を聞いたことがある人も多いと思います。今はほとんど植物がないサハラ砂漠も300万年前、人類が二足歩行を始める少し前まで、豊かな熱帯雨林だったといいます。もしかして日本の地面もいつかサハラ砂漠のようなサラサラの砂に覆われてしまうのでしょうか。

　実は、わりと身近な場所でも砂漠化は少しずつ起きつつあります（砂漠になったようには見えなくても）。広い意味での砂漠化とは、砂漠のように作物が育たなくなる「土の劣化」を指します。これまで5トンもお米が採れていた土が、だんだんと収穫量が減り、2トンに、1トンに、となっていくようなことも砂漠化と呼ばれます。なぜこうなってしまうかというと、土だって疲れるから。働かされてばかりいると、だんだんと栄養が奪われ、疲れて劣化してしまうのは、土もヒトも変わらないのです。

　さて、土が土中の微生物や生物を通して植物と共生し、生き生きとした土の環境をつくっているのは、もう知っていますよね。植物に栄養をあげる代わりに、植物からも栄養をも

らって、ぐるぐると巡る循環の仕組みを築いています。もしもこれが与えるばかりになってしまったら、土の栄養分は赤字になるいっぽう。土地によっては数万年にわたって貯金してきたものが、空っぽになってしまうこともあります。これが劣化の大まかな仕組み。その他にも、風で土が飛んでいってしまう（乾燥、塩類集積の原因）、雨で土が流されてしまう（酸性化の原因）、腐植がなくなり微生物が減ってしまうなどでも、劣化は進んでいきます。

　なかでも農業は土の立場になってみたら、けっこうひどい栄養の取り立て屋。時々お休みをあげたり、育てた作物をすべて収穫せずに一部を土に返したりと、生命の循環を途切れさせない方法をつくっていかなければ、「肥沃な土」と呼ばれている土も、いつでも砂漠化に向かっていってしまいます。最近では耕さずに土の団粒構造を守り、雨風に土や有機物が持ち去られないようにする「不耕起農業」も浸透しつつあるようです。ずっと変わらないような顔をしている土ですが、その内面は実はなかなかナイーブなのです。

氷から蘇るマンモスたちが
警報を鳴らす

　ここ数年、永久凍土だった場所から氷づけのマンモスや
サーベルタイガー、絶滅したオオカミなどの発見が相次いで
います。マンモスの牙ハンターたちが、暗躍しているなんて
いうウワサまで。古代の動物たちの秘密に近づけるかもしれ
ないこれらの発見は、世界中をワクワクさせているニュース
です。ところでこの「永久凍土」は 12 種類の土の 1 つで
もあります。109 ページの世界地図を見返してみると、北の
地域を占めている黒の部分の多くが、永久凍土。植物がな
かなか根を張れず、微生物も
ほとんど働けない環境の永久
凍土ですが、それが溶けたらど
うなるのでしょう。いま陸地に
は、昔は凍土だった土がありま
す。湿地帯に多い泥炭土。永
久凍土も溶けた後、だんだんと
泥炭土に変わっていくのかもし
れません。

　それよりも永久凍土が溶ける
と心配されていることが……。
土の中には普段からたくさんの
二酸化炭素とメタンがあります。
永久凍土はそれらを抱えたまま
眠りについている状態。大幅に溶けたときに、それらが一気
に地上に出てくる可能性が指摘されているのです。メタンの
温室効果は二酸化炭素の約 25 倍。温暖化で永久凍土が
目を覚ましたら、予測がつかない規模の更なる温暖化を招く
可能性が警告されています。そのためにも永久凍土は永久
凍土のままで、キープしなくちゃいけないんですね。

関連：p054（微生物の章）

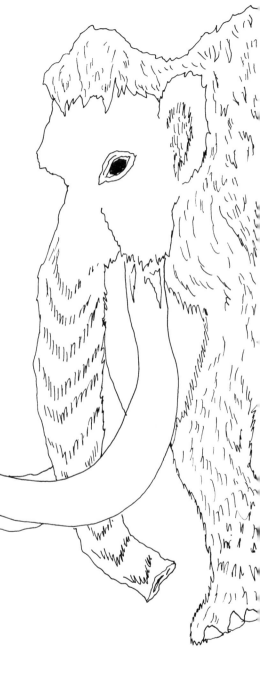

土 の 下 に は
宝 物 が い っ ぱ い

　豊かな自然、美味しいごはん、植物を媒介とした地球の循環……。これらはどれもこの章で紹介してきた土からの恵みです。でも土が私たちにもたらしてくれているのは、まだまだありました！ その多くは土から粘土鉱物や金属などが切り離され、テクノロジーによって活用できるようにされたもの。ここではそれらの一端、私たちの暮らしにとても馴染み深い、土生まれのモノを少しだけ紹介しますね。

【薬】

　土の中にある粘土は薬としても多く活躍。有名なのは下痢止めに使われるスメクタイト。インドのデカン高原などで採れ、猫砂にも使われています。

【ファンデーション】

　ファンデーションの原料によく使われているのはカオリンという粘土。カオリンは湿布や陶器の材料にも。キレイになるのにも土の力を借りていました！

【ラメ】

　キラキラと輝くのは鉱物である粘土の特徴。マニキュアやアイカラーなど化粧品に入っているラメは、粘土鉱物であるマイカ（雲母）が大活躍しているものも。

【スマートフォン】

　暮らしに欠かせないスマートフォンのボディも土生まれ。アルミニウムは「オキシソル」から効率良く採れる粘土、ボーキサイト（赤い土ラテライトが化石化したもの）が原料。また内部の集積回路は砂からできています。ただボーキサイトの発掘は環境破壊にもつながりかねず、アルミニウムの再利用の必要性も高まっています。

　今、この本を読みながら傍らに置いているかもしれないアレやコレも、もしかしたら土がなければまったく違う形をしていたかもしれないし、開発にずっと時間がかかっていたかもしれません。身近に土がなくたって、私たちの周りには土からの恵みが数多くあったのですね。

実は土って身近だった

今日食べたものも土生まれ

　毎日の通勤では土の上なんて歩かないし、自然の多い場所に行ってもしゃがみ込んで土に触れてみたりなんてしない。海や植物や、もしかしたら星よりも、遠い存在として感じていたかもしれない土。でも土に触れる機会がないという人も、実は毎日のごはんを通して土に接しているとも考えられます

　12種類の土を紹介したときに気づいたかもしれませんが、個性豊かな土には、それぞれに得意な農作物があります。たとえば野菜が育ちにくい「ポトゾル」が唯一得意としているのはブルーベリー。日本に多い「黒ぼく土」は白菜やにんじん、イモ類が得意技。暑い地域に行けばバナナも育っています。タピオカの原料やコーヒー、カカオなどは「オキシソル」が出身土だし、ワインのブドウやオリーブ、メープルシロップや、牧草地から生まれる乳製品などといったグルメ系は「粘土集積土壌」がお手の物。海や川のものも、流れ入ってくる土の豊かさが関係しています。そう、何かを食べるときはいつだって、12種類の土のどれかの栄養をいただいています。今日のごはんの材料はどこ産かなと思うとき、どこの、何の種類の土だっけ、と食材のルーツをたどってみると、また思わぬ発見や喜びにも出会えそうです。

　そして次に土がある場所に出かけたときは、ちょっと土に触れてみて。この土は若手土壌かな？ 黒ぼく土かな？ と探ってみるのも一興です。土を使って植物を一つ育ててみると、土の中の微生物たちのやりとりの気配を感じられることも。自宅で腐葉土や堆肥をつくってみることにより、見えない微生物たちの力や、自然界の循環に触れることもできます。そこで育まれた感性は、増え続ける人口の食事を賄うために、また大地にもヒトにも健やかで、生態系に負担のない持続可能な食のあり方を考えるうえで、多くのヒントをくれそうです。肥沃でない大地を生態系の一部として取り戻したり、肥沃な土を拡張していくお手伝いができるのも、Human──「土の上に生きる、知恵を持つ者」である、私たちヒトかもしれません。土の中の微生物社会とヒトの腸内細菌がつくる環境が似ているといわれているように、土とヒトはとても近しい存在。そう考えると、裸足で土の上を歩いたり、泥遊びしていて心が安らぐのも不思議ではありませんよね。

土  talk

NOMA × 藤井一至（土壌学者）

NOMA 街中に住んでいると、意識しないと土ってどうしても身近に感じにくい。でも生命の源、私たちが食べているものはほとんどは土をベースにつくられますよね。気づきにくいけれど、土に依存して生きていることを考えると、やっぱり都会でも土に触れ合う機会があって、土がどういうものかを知っておくべきじゃないかなと思うんです。もっと都会でも、土づくりから土と触れ合う機会があるといいなと思うんですけれど、先生はどんなアイデアをお持ちですか？

藤井 確かに家庭菜園をしようとしても、教わる場所ってほとんどないですよね。今、日本の農家は統計上、数パーセント。本当に農業で生活している農家となると1パーセントちょっとしかいないのではといわれている状況です。だから「土」、「農家」といっても、イメージが湧かない人が増えているはずです。僕はその状況がずいぶん危ういと感じています。もし日本が食糧難に陥ったときに、そこに土さえあれば農業ができる！ というようなタフさを、街中で暮らすみんなも持っていたらいいんじゃ

ないかなと思っているんですよね。

NOMA それ、すごく思います！ 私はバルコニーでコンポストをやっていて、できた堆肥を使って植物を育てているんですけれど、食料を買うことだけに依存しなくても良い安心感をを持てたし、食べ物や農業の尊さにも強く気付かされました。土づくりを通して生命の循環と共生を体感できるのもおもしろくて。お正月にカニの殻を入れ過ぎて、臭いが強くなった！ とか。米糠や落ち葉を足したら、土が落ち着いたー！ とか。土とコミュニケーションを取っている時間も楽しんでいます。私はコンポストを手探りでやってきたけれど、農家さんのような正確な知識を教えてくださる方がいて、みんなでつくる畑があったりしたら、その人を中心にコミュニティが生まれて、人も土も、食べ物も良い循環が生まれそうに思うんですよね。

藤井 土は汚いとか、バイキンだらけだというイメージもあるかもしれないけれど、汚しているのは私たちっていう場合が多い。土そのものはそんなに汚いものでも、怖いものでもないんですよね。もちろん有害な微生物もいるので、最後は手を洗うにしても、土との関係をすべて遮断しても、健康になれないと思っ

ています。腸内細菌の研究でアマゾンの先住民の人々とニューヨーカーを比較すると、ニューヨーカーの人の腸内細菌のほうがかなり単純になっているらしいんですね。その理由のひとつとして、土との触れ合いがあるかないかも挙げられているんですよ。

NOMA それに近い研究は、「菌」の章でも取り上げました！ 今、美容業界や健康業界でも土の可能性は、すごくフォーカスされているんです。科学的にどこまで解明されているかはわからないですが、アーシングといって土と触れ合うことが推奨されていたり、クレイを使って肌や体調を整える提案があったり。あとおもしろいのが薬学の父と言われている、ローマ帝国の皇帝ネロの軍医だったディオスコリデスが書いた「マテリア・メディカ」という本。想像以上に土（クレイ）の登場が多くて、「この怪我にはこの土地の土がいい」というような記述がたくさんあるんです。そんな時代から頼られていた土。土についてこれからもっとわかっていくことがあるんじゃないかなとワクワクしています。

藤井 まだすべてのことがわかっているわけではないけれど、少なくともいくつかの土の中の微生物にはストレス緩和効果や抗炎症作用があることがわかっていて、実際に心が安らぐといわれているものもあるんですよ。いち科学者の視点ではなく、いち家庭菜園をする者としてだと、やっぱり手を泥だらけにしているときに、ストレスがとれてく気がするんですよね。あと土づくりはやった分だけ成果が出やすい。それに何かを育てるのって、ポジティブになりますよね。科学とは関係なくなっちゃうけれど、そういう意味でも、家の中でもベランダでもいいので、土に触れるのはおすすめしたいですね。

NOMA 都市って情報がすごく多いから、土に触れるとノイズレスな気持ちになれるというのもありそうですね。

藤井 たしかに。土はしゃべってくれないから、こちらが観察しないといけない。それは情報があふれてノイズにうんざりする世界とは違う魅力があります。土が大事だと訴えるよりも、土と触れ合う楽しさを伝えていけたら、みんなに振り向いてもらえるのかもしれないですね。

NOMA うんうん、伝えていきましょう！ だって、土がないとみんな生きていけないですもんね。

わかっていないことも多いけれど、土にはポジティブな面もたくさんある ─藤井

人と土と、食べ物との良い循環が生まれたらいいな ─NOMA

123

無から始まり

今も広がり続ける暗闇で

陰陽を保つかのように

踊り続ける星屑たち

知れば知るほど千思万考

探究の旅にいざなうのが宇宙

遠くに思えて

私たちも宇宙のひとかけ

星屑の化身

光も夜空に煌めく天体も

すべてが私たちの望郷

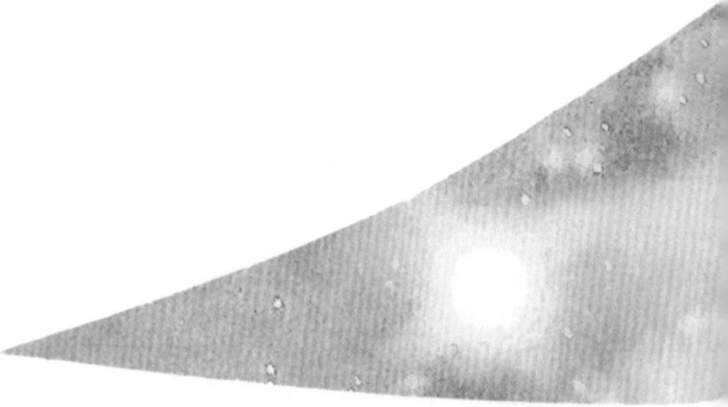

監修：渡部潤一

<Science> ① 宇宙の時間、宇宙の不思議

<Science> ② 太陽系と稀なる地球

<Culture> ③ ヒトは古代から星を見てきた

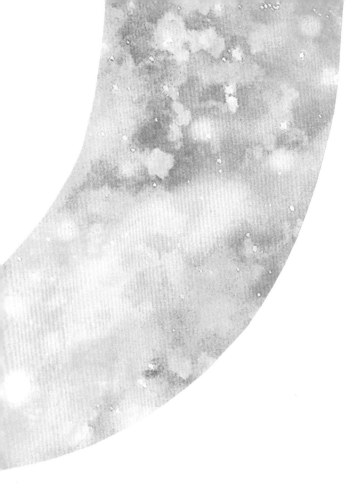

星

<Science>
① 宇宙の時間、宇宙の不思議

宇宙のなかの、私たちがいるところ

　地球人であるとともに、宇宙人でもある私たち。地球上の海も微生物も、緑も土も空も、そしてヒトも星も、おもいっきり……そう 138 億年も時間をさかのぼれば、みんな 1 つの点から生まれた兄弟なんですよね。生命の材料がつくられた宇宙も、私たちの故郷といえるでしょう。生命のきらめきの秘密も、この深淵で未だ謎多き宇宙に隠れていそうです。この章ではそんなすべての始まりである宇宙にまで飛び出して、自然の摂理を宙（そら）から見つめる旅をしていきます。

　今も膨張し続けている広大な宇宙。そこにはなんと 2 兆個以上にもおよぶ銀河があるといわれています。銀河は密になっている場所と密ではない場所があり、3 次元的に密になっている場所を見ると、まるでせっけんの泡がくっつきあっているような構造をしています。泡ひとつが、銀河が数十個集まってつくる銀河群。その銀河群を遙かに超える規模で銀河が数百個から数千個集まってつくる集団は銀河団と呼ばれています。これら銀河群や銀河団がまとまっている場合、しばしば超銀河団と呼びます。地球がどこに属しているかというと、おとめ座銀河団の隣、局部銀河群という小さな銀河群にある天の川銀河の少し外れ。局部銀河群はおとめ座超銀河団

に属しますので、住所を書くとしたら、きっとこんな感じ。「大宇宙 おとめ座超銀河局団 局部銀河群 天の川銀河 オリオン腕 太陽系 第 3 惑星 地球」。これでもし宇宙人から手紙をもらうことになっても、ちゃんと地球まで届けてもらえるはずです。

　澄み切った空気の中で見上げる夜空は、星のきらめきで埋め尽くされているかのよう。肉眼で見られるもっとも遠い天体は、約 250 万光年離れたアンドロメダ銀河だとされています。広い宇宙の中では、天の川銀河のかなりのご近所さん。それでもその光が地球に届くまでに 250 万年。私たちは 250 万年前のアンドロメダ銀河の姿を見ているのです。世界地図が国や海、山々の、同じ時を閉じ込めているとしたら、宇宙の地図は 138 億年分もの時間と空間を表しています。遠くの天体ほど、遥か昔の宇宙の姿を教えてくれる。130 何億光年も向こうでは、生命をかたちづくる元素もない頃の宇宙の姿を知ることができるでしょう。なぜなら宇宙は時間と空間が一体となっている場所であるとともに、光速が有限であるためです。夜空を見上げるとき、私たちは常に宇宙の時間の先頭にいます。この地球から、宇宙の歴史をさかのぼるようにして覗いているのです。

わずかな数のゆらぎがなかったら宇宙には何もなかったかも!?

　点。宇宙は針の先よりももっと小さい1つの点から始まったとされています。宇宙の空間も物質も、エネルギーも、もちろん私たちを構成しているすべての要素も、みんなはじめはこの小さな、とてつもなく熱い1つの点に収められていました。それは約138億年前のこと。

　どのようにしてできたのかはまだ謎に包まれている宇宙の点は、誕生した瞬間に急激なスピードで膨張していきました（初期のインフレーション）。その膨張のすごさといったら、目に見えないウィルスが一瞬にして銀河団の大きさになるほど。それは1000兆分の1の1000兆分の1の、そのまた1万分の1秒……とにかく瞬く間におきたのです。このインフレーションとともに、宇宙には時間が流れ、空間が広がり始めました。インフレーションの際に放出されたエネルギーは、宇宙を超高温、超高密度の火の玉のような状態にしていきます。宇宙誕生のシーンでよく聞く、ビッグバンの始まりです。

　ビッグバンの期間にはそれまで1つにまとまっていた力が、4つの力に分かれました。重力と電磁力、そして原子核の中で働く、強い核力と弱い核力。と、同時に光（光子）を含む、大量の素粒子が生まれました。この時、宇宙の未来を決

める不思議なことが起きたのです。素粒子には粒子と反粒子の2種類があり、お互いが衝突しては光子となって消滅する性質があります。これが同じ数のはずだったのに、10億1個対10億個というように、わずかに粒子のほうが上回っていました。そのため反粒子は宇宙から姿を消し、残された粒子が元素──現在の宇宙をかたちづくる物質のもととなりました。

　その後も宇宙は膨張しながら、温度を下げていき、残された粒子のうちクオークと呼ばれるものが集まって、陽子や中性子となりました。その陽子や中性子が集まり、水素やヘリウムの原子核が次々と誕生し始めます。ここまでで、まだ宇宙の誕生からたったの3分間くらい。このときに生まれた原子核は、92%が水素、残り8%がヘリウムといわれています。あれ、もう地球でよく知っている元素が誕生しましたね。

　なお宇宙の物質のもとをつくったわずかな数のゆらぎがなぜ起きたのかは、実はまだわかっていません。もしこの数のゆらぎがなかったら、宇宙は今もただただ光のみに満たされた空間だったのでしょう。美しいに違いないですが、さまざまな元素、そして地球や私たちも誕生しなかった場合の姿。見ることのできない、もしかしての宇宙です。

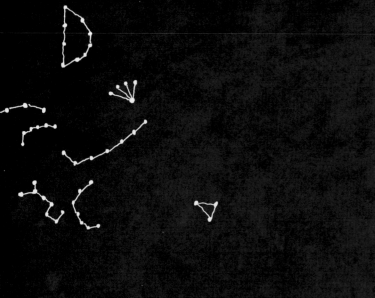

て、原子となりました。これによって電子が光の邪魔をしなくなり、光がまっすぐ進めるようになったのです。自由になった光が宇宙を満たし、宇宙は透明の世界に！これを「宇宙の晴れ上がり」と呼んでいます。この時に解き放たれた光は宇宙背景放射と呼ばれ、今でも宇宙に残っていて地球にも降り注いでいます。私たちはこの宇宙背景放射から、かつての宇宙の姿を知ることができるのです。

　さて透明になった宇宙に、星はいつ誕生したのでしょう？　最初の星がいつ頃生まれたのか、正確なことはわかっていません。ですが130億年前には、銀河はすでに存在していたのはわかっています。透明な空間に散らばる物質を集めて、天体や銀河を生み出したのは引力に作用するダークマター。宇宙初期のわずかなゆらぎから成長した、正体不明のダークマターの塊が、水素原子を集めていったのです。

　宇宙の第一世代の星たちは、太陽の数百倍もの重さを持っていたと考えられています。巨大な星々は内部でさまざまな元素をつくり出し、爆発しては、つくった元素をまるで恵みの雨のように銀河にばら撒きながら消えていきました。そしてこれらの元素がまた新しい恒星や惑星を構成する種となり、さらにどこかの惑星で繁栄する生命の材料にもなっていったのです。私たちの体を構成している元素も、同じように宇宙で生まれたものたちです。星の誕生と爆発、その繰り返しにより宇宙はますます多様な元素に溢れていきながら、現在まで続いています。私たちが住む惑星地球は多様な生命に溢れていますが、地球が存在するこの宇宙もまた、多様な元素に溢れているのです。

星もヒトも、みんな同じものからできている

　宇宙の誕生から38万年後、宇宙の景色が一変します。それは霧の中にぱっと太陽の光が射し込んだときのような、晴れやかな変化でした。それまでの高温の宇宙は、それこそ霧の中のようなぼんやりとした不透明な世界。大量の電子が飛び交う中、光子はその電子にぶつかってしまうため、光がまっすぐに進めない状態でした。

　宇宙の温度が3000℃を割り込んだ頃、それまで自由に動いていた電子が原子核に捕まっ

銀河をつなぎとめる不思議なキーマン

ダークマターの謎に迫る

謎多き宇宙は"目に見えるものがすべてじゃない"ことを教えてくれる存在です。宇宙を構成する要素のなかで、私たちが観測できている物質はたったの4〜5％。その5倍以上ともなる25％以上が、あるとはわかっていても見ることができず、正体不明物質です。それが先ほどもちょっと登場した、「ダークマター（暗黒物質）」と呼ばれるもの。

この謎の物質は宇宙空間だけでなく、地球の空気中にも存在しています。ただ光も電磁波も一切発さず、しかも物質をすり抜ける特性を持っているので、捉えることができないのです。気づいていないけれど私たちの体もまた、日常的にダークマターの通り道になっています。

ダークマターを一言でいうと、見えないのに重力がある物質。電気的に中性で、質量があり、運動が遅く、宇宙の進化に関わる長期間安定的な物質であることは、もうわかっています。名前だけ聞くと少し怖いイメージもありますが、実はもっときらきらした存在！宇宙の成り立ちと密接に関わっている、私たちの宇宙にとって重要な物質でもあります。

ダークマターは初期の宇宙にすでに存在していたと考えられています。初期の宇宙のわずかな温度のゆらぎに呼応して、温度の低い部分にダークマターが集まり、密度の濃いところはその重力によってさらにダークマターを引き寄せて、現在の立体的な網目のような宇宙の大規模構造がつくられていったと考えられています。ダークマターの多い部分には、目に見える物質も引き寄せられます。そうして星が誕生し、やがて銀河もできあがっていったのです。現在の天の川銀河もダークマターの塊の上に乗っているようなもの。ダークマターがあるからこそ、こうして私たちの銀河も存在できているのです。

ダークマターの正体については、これまでさまざまな候補が上がってきました。未発見のブラックホールや、中性子星、あるいは小惑星やニュートリノなど。現在はある種の未発見素粒子であろうというのが、有力な候補。ダークマターの正体明らかになったとき、この暗黒物質にはどんな名前がつけられるのでしょう。

宇宙が膨張していくのも
ダークな奴らの仕業らしい

ダークマターと同じ"暗黒"の名前を冠した、「ダークエネルギー」も見逃せません。宇宙の70％近くを占めているとされる、やっぱり正体不明の成分です。空間にかかる斥力を及ぼすとされ、宇宙の膨張スピードをどんどん速くする力を持っていると考えられています。

そもそもかつての宇宙論では宇宙は重力によってブレーキがかかり、膨張は遅くなっていっていると考えられていました。宇宙の膨張のスピードが、今も加速し続けていることが確認されたのは、1998年のこと。数10億〜100億年前の銀河で発生した超新星（星の一生の最後に起こる爆発現象）が、理論で予測される速度よりも速く遠ざかっていることから判明しました。この膨張の加速は60億年ほど前から始まっていて、第2のインフレーションとも呼ばれています。

ダークエネルギーの正体、性質については、宇宙を巡る最新の研究テーマになっています。ひとつ挙げるとすれば、宇宙という空間がいくら広がっても、ダークエネルギーの密度は薄まらないのではないかということ。これはちょっと考えるととても不思議。だって風船を2倍の大きさに膨らませたら、中の空気の密度も1/2になりますよね。それが一般的な保存の法則です。一方、ダークエネルギーは宇宙が広がるほど増加して、膨張を加速するのではと考えられているのです。

本当にそのようにダークエネルギーが時間とともに変化するものなのか。その答えを探るために現在、過去の宇宙の膨張スピードを探る試みが進められています。

光さえも逃げ出せない

ブラックホールの正体って?

ブラックホールに飲み込まれたらもう帰って来られない! 宇宙をテーマにしたSFなどにもたびたび登場してきたブラックホール。謎がいっぱいの宇宙の中でも、特に有名な存在ですよね。2019年、とうとう私たちはブラックホールの影を撮影した写真を見られるまでになりました。世界中の電波望遠鏡をつなぎ合わせ、地球サイズの仮想的な望遠鏡をつくり上げるプロジェクト「イベント・ホライズン・テレスコープ」により見事に成功した画像撮影。日本の国立天文台を含む、世界13か国、200人以上の研究者の長年の国際協力によって、銀河M87中心の巨大ブラックホール・シャドウを人類は初めて目にすることとなったのです。

そのように少しずつ姿が明らかになっているブラックホールは、実は天体の一種です。黒い穴、宇宙の闇……というようなイメージもありますが、ブラックホールは途方もない重力を持った天体。どのくらいかの重力かというと、宇宙で一番速い速度を持つ光ですらも脱出できないほど。もちろん光よりも速度が遅いすべての物質も脱出できません。

ブラックホールは質量が異なる2つのグループに分けられます。「はくちょう座X-1」に代表される小さいほうのグループ――恒星質量ブラックホールは、大質量の星が超新星爆発を起こして中心部が崩壊することで誕生すると考えられて

います。この時にできるブラックホールは、太陽の数倍〜10倍程度の質量。もう一方のグループは、なんと太陽の100万倍から最大で数100億倍もの質量を持つ巨大ブラックホール。画像撮影に成功したM87もこちらのグループです。巨大ブラックホールのでき方はまだはっきりとはわかっていません。一説では複数の恒星質量ブラックホールが合体して成長し、それが種になって形成されていくのだろうといわれています。

ところで真っ暗なブラックホールシャドウの、シャドウって? 実は写真で見えているのは、重力で引き寄せられてブラックホールの周りをぐるぐると回転しているガスが発した光が、ブラックホールの重力に曲げられている姿。光速に近い速度で回っているため非常に高温になっていて、宇宙で一番といわれるくらい明るく輝いています。これがシャドウ。ブラックホールはその真ん中で、やっぱり真っ暗闇の姿でその存在を教えてくれています。姿は見られたもののブラックホールの中は、あらゆる物理法則が適用できない特異点とされていて引き続き謎のまま。またブラックホールからはジェットと呼ばれるガスが光速に近い速さで飛び出していて、その性質やつくられ方も研究途上です。まだまだ気になることがたくさん! ブラックホールは古くて新しい宇宙の謎のひとつなのです。

宇宙を読み解くカギとなる

奇妙すぎるミクロな世界

　マクロな宇宙の摂理を読み解くには、ミクロの世界を知ることがとても重要になってきます。それは不確定で、奇妙で、なんともワクワクする世界！ そんな不思議なミクロな世界の話も少ししていきましょう。なぜなら宇宙の時間をさかのぼっていくと、そこには素粒子のみの世界があり、さらにさかのぼればどれほど小さいのか想像も及ばないほどのミクロな点に集約されていくからです。素粒子とは物質をどんどん分解していき、最後にたどりつくと考えられている究極に小さい粒子のこと。宇宙も、地球も、そこに存在するありとあらゆる物質は、つきつめればこの素粒子から成っているといえます。まさに物質を構成する究極の粒。その振る舞いを知ることから、宇宙の誕生をはじめとした多くの謎に説明をつけられるのではと考える人もいます。

　素粒子を含む、分子よりも小さい物質を量子と呼びます。量子の世界、それらの振る舞いについては、まだ完全にはわかっていません。ただひとつ言えるのは、「量子は粒であると同時に波でもある」ということ。しかも「波」の状態のときは目に見えないものとして空間に広がり、人が観測した途端、目に見える「粒子」となって出現するのだとか。つまり私たちの認識する、しない、という行為が、量子の状態を変えてしまうのです。さらに量子は、分身の術のように同時に違う場所に存在したり、テレポーテーションしたかと思えるように、はるか遠方へ一瞬のうちに情報を伝達したりと、なんとも魔法のような性質を持っていることもわかってきました。宇宙の謎は、量子の振る舞いに隠されている──。そう考えて、科学者の人たちが熱中するのもわかりますよね。

　たとえば宇宙の大規模構造のもととなった、宇宙初期のわずかな密度のゆらぎには、この量子のゆらぎが関係しているのではないかとも考えられています。そのほかにも量子力学を通してさまざまな視点から、宇宙の謎へのアプローチがなされています。これから解明されていく宇宙の謎は、私たちの常識やなじみある物理法則を超えた、信じがたいものかもしれません。見えない世界で魔法のようにふるまう未知の存在。量子の世界で今後どのような発見があるのか、みんな楽しみでしょうがないのです。

関連：p191（虹の章）

この世界はすべて

ヒモからつくられた？

　もう少しミクロな世界の話を続けますね。実は自由な振る舞いのミクロな量子の世界と、一般相対性理論に基づいている私たちのマクロな世界には、ちょっと矛盾があるのです。それをつなぐのが「超ひも理論（超弦理論）」という考え方。先ほど粒だと説明した素粒子が、点ではなく一次元的な広がりを持つ「ひも」のような形状だとする理論です。弦楽器の弦を奏でる時に、その振動によって音が変化するように、そのヒモの振動によってさまざまな素粒子のふるまいが見られるとされています。つまり私たちは点の集まりではなくて、ひもの集まりかもしれないということ。

　しかも超ひも理論によると、実はこの世界は縦、横、高さの3次元空間ではなく、10次元（9次元の空間と1次元の時間）なのだとか！ 私たちが認識している3つの次元のほかに、6個もの次元が隠れているとされています。10次元の空間……? 宇宙の可能性にワクワクしませんか。この超ひも理論を用いればこれまで説明できなかったこの世界の矛盾やさまざまな事象を説明できるかもしれず、ミクロの世界を説明するとともに、宇宙の姿やその誕生のメカニズムを解き明かす理論の候補として、活発に研究が進められていいます。たとえば宇宙はどう始まったのか、初期のインフレーションが起こった理由、ブラックホールに引き込まれたものがどうなっ

ているのか……今まで紹介してきた宇宙の謎が、超ひも理論によって説明できるようになる可能性も高いとされています。もしかしたら宇宙を巻き戻した出発点の向こうに、マイナスの時間の存在が見つかったりして！

　超ひも理論を実証するには、人に扱える範囲を大幅に上回るエネルギー量が必要だとされていて、実証そのものが不可能、永久に仮説だともいわれています。また物理学の理論というと難しく感じてもしまいますよね。それでも超ひも理論は私たちに、宇宙や世界の新しい景色を見せてくれる可能性に満ちています。

② 太陽系と稀なる地球

太陽生まれの太陽育ち

太陽系の8兄弟

　さてそろそろ地球に近づいてみましょう！ 私たちの地球がある場所を覚えていますか？ おとめ座超銀河団の中の、天の川銀河の少しはずれ。太陽系の第3惑星が地球です。天の川銀河は直径約10万光年の、中央部が膨らんだ円盤形の天の川銀河。2000億個程度の恒星があり、地球はそのなかで、太陽とその重力に支配されて回る他7つの惑星とともに、太陽系ファミリーを組んでいます。これまでの宇宙の話と比べるとぐっと範囲が狭まったように感じますが、太陽から一番遠い海王星までの距離は平均45億キロメートル。光速で約4時間かかるのくらいのスケールが太陽系です。ヒトから見れば、やっぱりとても大きいですよね。

　太陽系の歴史は太陽の産声とともに始まりました。約46億年前のこと。ガスやチリからなる星間雲が重力によって収縮し、原始の太陽が生まれたのです。周りには太陽に落ち込まなかったガスやチリが回転しながら集まり、平たい円盤のようになって原始太陽系星雲というものをつくりました。その中ではガスやチリがくっつき、直径10キロメートルほどの小さなかたまり、微惑星がつくられていきます。さらに微惑星は衝突と合体を繰り返しながら成長して、大きな原始惑星へとまとまっていきました。これが地球をはじめとした太陽系惑星のはじまりです。

　原始太陽に近い円盤の内側では、水素や揮発性のガスが吹き払われ、岩石と鉄を主成分とした小さな惑星が残り、水星や金星などの地球型惑星となりました。外側の低温部分で成長した惑星は、ガスを大量に持った木星型惑星や氷惑星へと成長しました。また大きな惑星に成長できなかったものが、今も太陽系内に数えきれないほどある小惑星に。他の惑星の引力で太陽系の端に放り出され、太陽に近づいてきたものが彗星と考えられています。

　最終的には円盤が散逸し、太陽が生まれてから1000万年から数億年程度で、太陽系はほぼ現在のような姿になったと考えられています。宇宙の時間で見るとほんの短時間。ごく短い期間にダイナミックな進化を遂げて、私たちの太陽系はつくられていったのです。

Saturn

Uranus

Nepturn

Pluto

Jupiter

どこか地球に似ている

惑星たちの太陽系ツアー I

　まだ太陽系という概念がないくらい古くから水星や金星、火星や木星、土星は、他の星々とは何か違うと知られてきました。そして天王星と海王星が発見されたのは 19 世紀。今では探査機が太陽系すべての惑星を訪れ、その様子が徐々に明らかになってきています。地球との共通点は？ 生命の可能性は？ さぁ、太陽系の星々を巡るツアーのはじまりです。

【自ら輝く、太陽】

　太陽系の惑星すべてにふりそそぐ光と熱の源。太陽との距離によって惑星の環境が決まっているともいえます。水素とヘリウムを中心とする気体からなり、中心部で核融合反応が起きている恒星。今も明るさを増しつつあります。

【月に似ている、水星】

　表面に数多くのクレーターがあり、月の地形に似ている水星。太陽にもっとも近いため大気が熱運動で逃げてしまうほとんどありません。表面の温度は夜は -170℃、昼は 400℃ 超え。とっても過酷な環境です。

【地球の双子星、金星】

　大きさや科学的組成が地球とよく似ていて、双子星ともいわれてきた金星。夜空を見ると金星がきらきらと輝いて見えるのは、金星を覆う硫酸の雲の仕業。雲の下では、表面温度が 470℃ にも上っています。自転周期が 243 日とかなり遅く、回転の向きは地球と逆。おもしろいことに太陽と地球の間に来るときは、常に地球に同じ面を向けています。

【我らが地球】

　偶然なのか奇跡的なのか、太陽のハビタブルゾーン——恒星から適切な熱エネルギーを得られ、表面で液体の水を維持できる温度環境になる範囲に、存在している私たちの地球。適度な大気と十分な水があり、多様な生命にあふれる生命の惑星。

【生命がいるかも？ 火星】

　探査が進み、生命の存在にも注目を寄せられている火星は、地球より少し小さい岩石惑星。大気が非常に薄く、地表の平均気温は -50℃ 程度。現在火星の表面は乾いていますが水が流れた跡が確認されており、かつては海があったと考えられていて、地下に湖も見つかっています。ちなみに火星で見る夕日はなんと青色。

関連：p166（空の章）

ガスと氷の惑星を巡る

太陽系ツアー II

　ここから巡るのは太陽系が生まれたときにガスと塵の円盤の外側で成長した惑星たちです。

【大きな目を持つ、木星】
　太陽系最大の木星は、質量が地球の 300 倍、半径は約 11 倍。主に水素とヘリウムからなる巨大ガス惑星です。特徴的な縞模様は、木星を巡るジェット気流によるもの。目のような大赤斑だけで地球の 3 個程度の大きさがあり、そこには高気圧の嵐が吹き荒れています。70 個以上の衛星を持ち、そのうちの氷に覆われた衛星・エウロパは地下に暖かい海があると考えられています。

【水に浮く!?　土星】
　美しい環を持つ土星は、太陽系 2 番目に大きいガス惑星。微小な氷の粒が土星の環をつくっています。水素を主成分とする厚い大気を持ち、平均密度は水よりも小さい。土星も多くの衛星を持ち、月よりも大きいタイタンと、探査機が水が噴き出している様子をとらえたエンケラドスが有名。タイタンにはなんと地球の水のように、メタンの雨が降り、循環しています。

【氷の惑星、天王星】
　淡い青緑色の天王星は、水、メタン、アンモニアを主成分とした氷でできた巨大氷惑星。自転軸が 98°傾き、ほぼ横倒しで公転しているのが特徴。84 年周期で惑星そのものも縦に自転しているため、42 年ごとに日が当たる面が入れ替わります。

【深い青の、海王星】
　太陽系惑星のなかで太陽からもっとも遠い氷惑星。大気に含まれるメタンが赤色の光を吸収するため、目で見てもわかるほどに青い惑星です。衛星のトリトンとエネイドが逆行して、海王星に近づきつつあり、数億年から数十億年後にはそれらがつぶれ、海王星に土星のような環ができるといわれています。

【ハートを持った、冥王星】
　太陽系惑星から準惑星になってしまったけれど、冥王星も。クレーターが少なくつるりとした表面が特徴の月よりも小さい天体。新しい地形ができているように見え、窒素の対流がある可能性も考えられています。太陽からの距離に変化があり、薄いながら大気もあるので、大気循環の可能性もないとはいいきれません。

どこかに必ず地球外生命体はいるよ！

　夜空を見上げて思いを馳せるのは、星空のことばかりではなく、UFOや地球外生命体のことも。地球外生命体はいるのか、いないのかは盛り上がるテーマですが、天文学者のほとんどは、必ず地球の他にも生命体がいると考えているそうです。

　生命体が存在する条件として、第一にあげられるのは水、もしくはそれに類する流体があること。太陽系で考えると太陽から近すぎると蒸発してしまいますし、遠すぎると氷になってしまいます。ハビタブルゾーンと呼ばれる、水が液体で存在できる、太陽からの適切な距離が重要になってきます。では、月は？地球とほぼ同じ位置にいる月には水がなく、生命体も見つかっていません。月の重力が小さく大気を留めおけなかったため、水を保てなかったのです。

　先ほど巡った太陽系の惑星のなかで、生命体の存在の可能性を考えられるのは、やっぱり火星。今は地表が乾燥している火星ですがかつて海があり、地下に湖が見つかっており、単細胞生物であれば十分可能性があります。またメタンが存在するので、メタン菌が見つかるのではともいわれています。

　紹介した衛星のなかにも生命体がいるかもしれない星があります。木星の衛星・エウロパと、土星の衛星・エンケラドスです。どちらも地下に海があると考えられていて、エンケラドスは魚の化石が見つかるはずだという人も！また土星の衛星・タイタンには水の代わりにメタンとエタンの液体が存在しています。もしかしたら地球の生命とはまったく異なる生命体が生まれている可能性もないとはいい切れません。

　この天の川銀河のなかにはハビタブルゾーンにある惑星が10億個はあると考えられており、はくちょう座の一角を見るだけでも3000個程度の惑星のうち100個程度はハビタブルゾーンの中にあります。遠くて証拠をつかめないだけで、彼方から私たちの観察に成功している仲間がいるかもしれません。

やっぱり気になる宇宙の未来

　いつまでも変わりないように見える宇宙ですが、地球と同じように宇宙も常にダイナミックに動いています。たとえば私たちがいる太陽系も、同じ場所に止まってただ太陽の周りを回っているだけでなく、秒速200キロメートルくらいで走り続けているのです。太陽系ファミリー全員で、2億年程度かけて天の川銀河を1周しています。

　では宇宙の未来はどうなっていくのでしょう？ まず近いところで天の川銀河の未来を予想してみましょう。私たちのいる天の川銀河は現在も成長中で、重力で結びついている小さな銀河を吸収しながら大きくなっていきます。そして40億年から50億年後、お隣の銀河である天の川銀河よりも数倍大きいアンドロメダ銀河と衝突して、合体！ 2つの銀河は混ざり合って、大きな楕円形型の銀河になるとされています。ちょうど50億年後というと、太陽が寿命を迎え終末期に入るとされている頃。赤色巨星へと進化するとされている太陽は、膨張し、放射エネルギーも増大すると考えられています。太陽が今より200倍以上膨張すれば、地球も飲み込まれてしまいます。もしもその時、地球に人間が存在していたとしても、かなり高い可能性で天の川銀河とアンドロメダ銀河の合体は見られなさそうなのです。きっと今以上に素晴らしい星空が広がるはずなのに……。

　膨張し続ける宇宙の未来はというと、その終焉はまだまだわからないことだらけ。多様な元素に溢れた宇宙は空っぽになるのか、それとも新しい宇宙が広がるのか、はたまた一周して戻ってくるかもしれません。宇宙はわからないことだらけ。でもわからない世界を知ろうとしたり、想像するほどワクワクして、感性を育める時間はありません。そう、大切なのは答えじゃないんです。

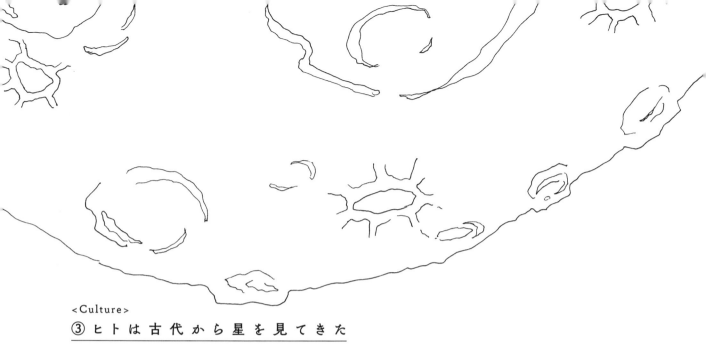

<Culture>
③ ヒ ト は 古 代 か ら 星 を 見 て き た

文 明 が 先 か 、 星 見 が 先 か
ず っ と 夜 空 を 眺 め て き た

　夜空に浮かぶ無数の瞬きの正体がいったいなんなのかを知る以前より、ヒトは夜空を眺めてきました。宇宙という黒板に星と星をつないで描いた星座という図形。それは文明の起こりと同じくらい古くから存在しています。アルメニアで発見された紀元前4世紀頃の石板には、はくちょう座やおうし座が今とさほど変わらない星の配置で描かれていました。同じころメソポタミア文明でも、現在の西洋星座の祖となるものが生まれています。

　星々の輝きに魅了され、その謎を解きたくて。また暮らしの道標を知るために。そしてきっと私たちが星や月を見上げて心を静めるのと同じように。国や時代を飛び越えて、太古より、星空は人々の暮らしとともにありました。

　星を見る文化。それは季節を知り、迷わず旅をするために発展したと考えられています。たとえばメソポタミア地方を例にとると、四季がなく、平坦な土地が広がって方位もよくわからない地域。多くいた遊牧民たちは、間違いなくオアシスに辿り着くために、星を目印として方位を知る必要がありました。また約半分の農耕民族たちも種を蒔く時期など、星の動きを手がかりに季節を判断していたのでしょう。そうして生まれた星座や神話が、現代にまで姿や形、役割を変えながら伝わってきているのです。

　一方、日本では主に月を愛でる文化によって、夜空を身近に感じてきました。四季がはっきりとしていて、起伏のある地形。山の形で方角もわかります。そのため星を理解して見る必要性がさほどなかったためと考えられます。ここからはそんな古の人々と、夜空とのお付き合いを紐解いていきます。かつての人々は夜空からどんな恩恵を受けていたのでしょう。

豊かな実リへの希求が生んだ

世界最初の太陽暦

夜明けの直前にシリウスが東の地平線に昇る日がきたら1年のはじまり。古代エジプトでは恵みをもたらすナイル川の氾濫時期と、東の空に輝く星、シリウスの動きとに関係性を見出し、1年を365日とする太陽暦を編み出しました。メソポタミアや中国などの他の文明が月の変化を基準にした太陰暦をもとに暦をつくったのに対して、これはとても珍しいこと。しかも後には1年の正確な長さが365.25日であることまで突き止め、4年に1度のうるう年の制定まで行ったのです。

古代エジプトの1年の始まりは、ナイル川が氾濫する時期と重なっています。灌漑農業を行っていた当時の人々にとって、ナイル川の氾濫は上流から肥沃な土を運んできてくれる非常に大切なものでした。氾濫後に種蒔きを行うことで豊かな実りが約束される。氾濫の時期を予知したいという人々の切望から、星読みの文化が発展していったと考えられます。

エジプト神話に出てくる数々の神の中でも、もっとも偉大とされ、太陽の化身とされているのが太陽神ラー。ラーの神は永遠に死と再生を繰り返し、日没とともに太陽は死に、日の出とともにまた新たに産み落とされる。このような太陽信仰はエジプトの人々の死生観、そして宇宙観へとつながっていきました。赤ピラミッドとも呼ばれる二等辺三角形の真正ピラミッドの形は、なんと太陽光線を模したもの。また有名なギザの三大ピラミッドの頂点を結ぶと、太陽信仰の聖地、ヘリオポリスへとつながるのも偶然ではないと考えられています。

世界遺産創設のきっかけともなった、アブ・シンベル神殿にも天文学に基づいたおどろきの仕掛けが隠されていました。神殿の最深部に並ぶ4体の神。冥界の神を除いたそのうちの右3体が、年にたったの2回、春分と秋分の朝日によって照らされる設計になっていたのだとか。3000年以上くることなく、特定の日に、特定の場所に射し込む光。残念ながら神殿は移転され、現在はその神秘的な景色が見れるタイミングはずれてしまったそうですが、古代エジプトの高度な天文知識にどきっとさせられるエピソードです。

儀式？　天文台？

ストーンヘンジと宇宙の関係

　誰が、なんのために？ と、想像力をかき立ててくれる古代遺跡のなかでも、特に謎だらけの巨石文化。さまざまなタイプがありますが天文学との関連が強いとされているのが、石を環状に並べたストーンサークルです。イギリスには巨石を使ったストーンサークルが何百とあり、有名なのは世界遺産でもあるストーンヘンジ。日本でも秋田県の大湯環状列石など、東北地方や北海道を中心に多くのストーンサークルが残されています。

　実はこのストーンサークル、西洋から東洋まで世界各地で見られ、どれもつくられた時期がほぼ一致しています。日本でいうと縄文時代の中期から後期、世界では青銅器時代とされている頃。だいたい紀元前3000年から1000年の間です。伝播してきたという説もあるものの、多くの研究者は同時多発的だという説をとっています。神聖な場所を区切る、結界としての"まる"。それは文化を超えて変わらぬ意味を持っていたのでしょう。ストーンサークルの役割は遺跡によってさまざまな説がありますが、やはり神聖な儀式を取り行う場所だったと考えられます。

　とはいえストーンヘンジを見てみると、太陽と月の動きを知っていたとしか思えない設計がなされています。石の環から一方向にのみ延びる通路、それが夏至の日の出と、冬至の日の入りにピタリと合うのです。寒い地域の人々にとって太陽は生の象徴でもありました。特に冬至は太陽が一番南に行ってまた帰ってくる、太陽の復活を祝う日。この日を知ることがとても大切だったと考えられます。月の出の最南方向と、日の出の最北方向が直交する緯度につくられているというのも見逃せません。それらの精密さに、ストーンヘンジを日月食まで予測するアナログコンピューターだったのではと指摘する人までいるほど！

　なおスコットランド北部にあるローンヘッド・オブ・デービオッドも、立石の環とともに1つだけ置かれている横石の方向が、冬至の日没の方向と重なっています。この地の人々が冬至をいかに大切にしていたか、またその日に合わせて祭祀を行っていたことが想像に難くありません。太陽や月の動きを知って、神聖な儀式やお祝いをする。人の暮らしに宇宙はそんなふうに溶け込んでいたようです。

　ちなみに日本の環状列石は、天文学的な意味づけができているものは少ないそう。その代わり山岳信仰の土地らしく、山の方を向いてつくられているという説もあります。

金星の計測まで！

マヤの人々の天文学

密林に眠る大神殿、高度に発達した天文学や暦。神秘的なイメージとともに、エジプトと並んで古代遺跡好きを惹きつけているのがアメリカ大陸最大の古代文明、マヤ文明でしょう。現在のメキシコ南東部からグアテマラ、ベリーズ、ホンジュラス、エルサルバドルと広大な範囲で、紀元前1800年頃から2000年近くに渡って栄えた文明です。マヤ文明は当時では考えられないほどの天文知識を持っていたと考えられています。優れた天体観測技術を駆使して太陽や星の動きを読み、「マヤ暦」と呼ばれる正確な暦をつくりあげていました。暦にはいくつかの種類があり、農耕などに用いた一周期が365日の太陽暦（ハアブ暦）。儀式などに用いる一周期が260日の儀礼暦（ツォルキン）。そして紀元前3114年8月11日を基準日とした約5125年周期の長期暦などがありました。ちなみに「マヤ暦で2012年12月21日に世界の終わりが示されている」とされていたのは、この長期暦がちょうど一巡を迎える日だったからです。

今でも見に行ける遺跡からも、マヤの高度な天文知識を感じることができます。メキシコにあるチェチェン・イッツァのピラミッドは、4面の階段がそれぞれ91段あり、合計した364段に最上段の神殿の1段を足すと、1年の日数365段に。そして年に2回、春分と秋分の日にだけ、ここにマヤの人々が信仰していた羽が生えた大きなヘビ「ククルカン」が降臨するのです。それは太陽の光と階段の影によって生まれる、計算され尽くした奇跡。

またマヤの人々は太陽と並んで金星をとりわけ重要視し、金星の周期を完全に把握していました。おどろくべきことに8年、105.5年、8年、121.5年など不規則かつ稀にしか起きない、地球と金星、太陽が一直線に並ぶ「金星の太陽面通過」も完全に予測し、その日を選んで大きな戦いを開始したという記録もあるほど。望遠鏡すらなかった時代。いったいどうやって天体の動きを読んでいたのでしょう。高度であることを知れば知るほど、謎が深まるばかりです。

神話に紐づく

西洋星座の成り立ち

　オリオン座、おおぐま座、おとめ座……。星座を探すとき、現代の私たちが共通して使っているのは西洋星座です。星占いで使われているのも西洋星座ですよね。星が多い空を見上げていると、自由にいくらでも絵が描けそう。今の星座はどのようにつくられていったのでしょうか。

　西洋星座の祖となるものはメソポタミア文明で生まれたというのは、もうお伝えしました。ここに住むシュメール人たちが季節や方角を知るためにつくりあげていったのですが、次第に惑星の動きを見て星占いもするようになっていきました。主に行ったのはこの地を征服した占い好きのバビロニア人たち。これがいまの星占いで使われている12星座の原型となりました。メソポタミアで生まれた星座は、古代ギリシャにも受け継がれていきます。ギリシャの人々は星座を神話と結びつけ、星と星をつないだ形に神を投影していきます。ギリシャの神々は笑ったり、怒ったり、恋をしていたり、当時の人々にとってとても親しみやすい存在。48の星座が設定され、なじみ深い神話とともに広がっていったのです。それらは「トレミーの48星座」と呼ばれ、現在も大部分が使われています。

　その後一時期、星座への関心は薄れていましたが、15、16世紀の大航海時代、再び星座にスポットが当たります。南の知らない空、今まで見たことのない星々。天文学者たちがこぞって星座をつくりはじめ、1つの星が2つの星座にまたがる、国ごとに星座が異なるなど、夜空は混乱状態になってしまいました。カメレオン座やきりん座、けんびきょう座など、聞き慣れない星座もいっぱい！ 星空が落ち着きを取り戻したのは、20世紀の初めになってから。世界の天文学者たちが集まった国際天文学連合で88の星座が決められ、いま私たちが知る星空へと落ち着いたのです。昔も今も変わらず天空を巡り、いつの時代も私たちに勇気や浪漫を与えてくれてきた88の星座たち。人類の文化史と共に長い変遷を経て今に至るのです。

夜の恋路も月任せ？

月を愛でてきた日本人

今ではあまり日常的に使わなくなりましたが、日本は月に月齢ごとに名前をつけている、世界でも稀な月を愛でる文化を持っていました。たとえば十六夜や立待月、居待月、寝待月など。後ろの3つは満月の後の月齢の17日から19日頃の月の名前。月が出る時間が次第に遅くなり、まだかまだかと立って待ち、待ちくたびれて座って待ち、もう横になって待つ、という、月を待つ人の行動を表しているともいわれています。朧月や寒月、淡月など月の状態や見え方を表す言葉も数えきれないほど。和歌にも月を詠んだものが多数残されています。

なぜ日本はこれほど月を愛でていたのでしょう。ひとつは四季があり、起伏に富んだ地形のおかげで、星を読む文化が発達した地域ほど星を知る必要性がなかったことがあげられます。一方で夜の闇を照らす月のリズムは、夜の文化を営む鍵となっていました。平安の頃でいえば歌を交わし、愛する人のもとへ通うのも月が頼り。江戸時代には下弦の半月の頃である二十三夜や、三日月の逆の形の二十六夜に、月が出るのを待ちがならみんなで食事をし、月の出とともに願をかける"月待信仰"があったといいます。

ちなみにヨーロッパ圏では月といえば不吉の象徴のように語られることも。ラテン語で月をルナ（Luna）といいますが、これは狂気を意味するLunaticに通じています。フランスでは月を肩越しに見るとよくないというジンクスがあるし、狼男に変身してしまうのも満月の夜。それはそれで月のパワーを感じますが、日本にはほとんど月を畏れの対象とした話は残されていません。満ちてはまた欠けてゆく月の姿。そこには日本人ならではの、感性を揺るがす何かがあるのかもしれません。

古代中国は星座図も

エンペラー中心

　日本の星を読む文化は、遣唐使や遣隋使の時代に中国からもたらされました。古代中国の星読みは西洋のものとはまた立ち位置が違い、政治と密接につながっていました。星を見て占い、それによって時の権力者が政治を決断していたのです。星のメッセージは天の帝のメッセージと捉えていた節もあります。星読み専門の役人もいて、常時夜空を監視していたとか。星を読む文化の伝来後、日本でも陰陽師がそういった役割を担っていました。

　星宿(せいしゅく)と呼ばれる中国の星座は、かなり独特です。当時の北極星(こぐま座β星)を天の皇帝とし、そこから皇族、官僚、軍隊、庶民、農民と、古代中国の社会身分制度をそのまま反映したような名前がつけられていました。動かない星が一番えらいというわけです。さらに端の空のほうにいくとトイレ座など、日常生活につながる星座まで。全部で250もの多くの星座がつくられ、それらを月の動きに合わせ28宿に分割して整理していました。

　日本に伝来した中国星座の様子を見られるのが、奈良県明日香村のキトラ古墳。石室の天井に極彩色の天文図が描かれた壁画が発見されました。星座の他に、赤道、黄道、星が一年中地平線以下に沈まない境界線である内規と、星が一年中地平線から昇らない境界線である外規の4つの円も描かれた、本格的な中国式の天文図。東西南北四方の壁にはそれぞれ蒼龍、白虎、朱雀、玄武が描かれ、四神に守られるように収められていました。7世紀末から8世紀初頭につくられたとされ、現存する中国式天文図としては世界最古の例とされています。

　なおキトラ古墳の天文図に描かれている星空は、解析の結果おそらく長安(今の西安)か洛陽ではないかとされています。日本では江戸時代までそれら中国の天文図をもとに、緯度などを直して星を読んでいたと考えられています。

地方色豊かな

日本の星を見る文化

　月を愛でてきた日本ですが、人々のあいだに星を見る文化がまったく育たなかったわけではありません。たとえば七夕や中秋の名月。中国から入ってきたものですが、日本で独自の進化を遂げてきています。七夕は中国では風習としてはもうほとんど残っていませんが、江戸時代には江戸や大阪で市中で賑わった行事でした。今も日本各地で地域ごとに特色のある七夕祭りが行われていますよね。

　星の名前や星座も全国的には広がりませんでしたが、それぞれの地方で独自の和名がつけられていました。すばる、ほくと、みつぼし、などはわかる人も多いでしょうか。清少納言は『枕草子』のなかで「星はすばる。ひこぼし。ゆうづつ」と記しています。すばるは、おうし座のプレアデス星団。ひこぼしは、わし座のアルタイル。ゆうづつは、金星のこと。

　またすばるは、羽子板星や六連星（むつらぼし）、一升星など、地域によっ

てさまざまな名前で呼ばれていました。その他にも岐阜県など源平合戦が行われた地域では、オリオン座のベテルギウスを平家星、リゲルを源氏星と呼んでいたり、他の地域ではオリオン座自体を農具の名前からとって、からすきと呼んでいたり。その地方の暮らしや歴史を感じさせる名前が多くの地方に残されています。なかには神格化された星々も。北極星は妙見様、北斗七星は妙見菩薩。宵に明るく輝く金星は「あけのみょうじん」とも呼ばれ、明神様や大明神。カノープスはなんと、七福神の寿老人と同一化されているのだとか。

　日本でも温暖な南の地域では四季があまりはっきりしていなかったため、独自の星を見る文化が育っていました。八重山地方などでは星見石というものがあり、その上にすばるが昇ってくるのを見て、種を植える時期を決めていたそう。今でも星見石は竹富島などで見ることができます。

難しいことは忘れて
"星宙浴"のすすめ
ほし ぞら よく

　宇宙の成り立ちから宇宙の神秘へ、ミクロの世界も覗いたし、太陽系ツアーも満喫。古代の人と星々との関わりも、地球をぐるりと周るように見てきました。昔も今も人類は広大で深淵なる宇宙の魅力に憧れてきました。同時に宇宙は私たち自身でもあって、いつの時代も夜空に惹かれるのはとても自然なことです。ヒトの社会では日々、色んな変化や出来ごとがあります。楽しかったり、悲しかったり、時にはもやもやすることもあったり。けれども、惑星地球の地上や日々の生活でどんな風が吹こうとも、朝陽、夕陽、夜空の月や金星、火星、近くの天体から遠くの天体まで、138億年の歴史を背景にめぐり続ける宇宙のリズムは、休むことなくその美しさと荘厳さを照らし出してくれます。

　お気に入りの天体を見つけてみたり、その時期ならではの天体ショーを楽しんだり、晴れた日の朝陽や夕陽、雲と太陽の光が見せる天空のキャンバスも見逃せません。宇宙のリズムや壮大さに身を預ける時間、"星宙浴"は宇宙自身でもある私たちがゼロに戻れる時間です。

　宇宙を知ることは、唯一無二のまほろば、地球を知ること。つまり、私たちを知ることです。

星 talk

NOMA × 渡部潤一（天文学者）

NOMA　今回、渡部先生に太陽系のお話（p140、141）を伺いながら、国立天文台が開発していらっしゃる宇宙のシミュレーション映像※を見せていただいたのですが、もう大興奮でした！他の惑星と見比べても地球がとても美しくて。地球と宇宙へのときめきがさらに高まりますね。

渡部　他の惑星がいかに住み心地が悪いかを見ると、地球がさらによく見えますよね。

NOMA　宇宙時間で見ていくと、多様な生命に溢れた地球の今の姿がいかに貴重なのかよくわかります。きっと今も、刹那的瞬間なのだろうなぁ。そう考えると四季や天体の巡り、地球で感じられるリズムをしっかり堪能したい。一見、当たり前の景色かもしれないけれど、とても豊かに感じます。

渡部　ただ当たり前にあるものほど、大事に思わなくなっちゃうのかもしれませんね。たとえば星がよく見える地域に住んでいる人たちは、星にあまり興味がない人が多いんですよ。一方で都会に暮らしている人たちにとっては、星空は当たり前じゃない。非日常なことって

やっぱりちょっとワクワクしますよね。それが日常になったときに、どれくらい豊かさを感じたり幸せだと思ったりできるかというと、それは少し心配だなぁ。

NOMA　夕暮れに一旦、外やバルコニーに出てみたり、夜空が綺麗な日は双眼鏡で観察してみたり。私は毎日のように空を見る時間が楽しみなのですが、天文学者である渡部先生も、星空を眺めたりされますか？

渡部　僕は天文学者にしては珍しく、星を見る人なんですよ。天文学者、特に理論天文学者は数式の美しさや宇宙の謎への興味からこの世界に入るので、星座を知らない人も多いくらい。望遠鏡を覗いたことがある人も半分くらいかもしれませんね。僕の場合は天文少年から入ったので、何かあったら星を見に出かけますよ。都内に住んでいても、車で1時間も走れば星がよく見えるところまで行けますから。

NOMA　この章でも古代の人がどんなふうに星を見てきたか紹介しましたが、月や星々を見ていると時々、紀元前何千年の人たちも同じことをやっていたのかなと思うことがあります。星を眺めるという行為自体は、当時の人

宇宙時間で見たら地球の美しさもとても貴重なんだなって —NOMA

手に届かないけれど目に見えている。その二面性も宇宙の魅力 —渡部

思い悩んだら巨視的な視野で自分を宇宙から見下ろしてみる ―渡部

も2021年に生きている私も変わらない。それって、なんてすごいんだろうって！ こんなに何千年も変わらずに、人類が力をもらい続けている存在もなかなかないでしょうね。

渡部 想像力豊かな人は、そんなところにまで思いを馳せるんですね。宇宙は芸術に近いという人もいますし、手が届かないゆえに内面を投影させるものとして最適なのでしょう。また手が届かないけれど見えているという二面性も魅力なのかもしれませんね。最先端の研究を理解しなくても、みんなで共有しているという感覚があるのも宇宙ならではだと思います。僕らは今、対新型コロナウィルスという、とても特殊な時代を生きていますよね。誰もがなかなかしんどい思いをしているでしょう。だからといって星を見ても問題は解決しないんですけれどね。でも自分が抱えている問題が宇宙的視野から見るとどうなのかと視点を変えてみると、とても小さく、軽く感じられることもあります。星を見ることで、ある程度ではあるけれど、そういう利点もあると思うんですよね。

NOMA それは私もみんなにシェアしたいところです。日常生活でいろんなことがあっても、

カーテンを開けて空を見たら悩んでいたことも一瞬でどこかにいっちゃう ―NOMA

晴れた日はちゃんと空を見て、土を愛でて、星の美しさを見ていたら、案外どうでもよくなるんですよね。以前、宇宙をテーマにしたラジオのパーソナリティをしていたのですが、ゲストにきてくださった専門家やアーティストの方々も、同じようなことをおっしゃっていたのが印象に残っています。行き詰まっていてもカーテンを開けて空を見たら、「なに悩んでいたんだろう」と一瞬でなるって。

渡部 人間は思い悩む動物。思い悩むとしばしば心のブラックホールに落ちていくようにも感じてしまいます。そういうときこそ客観的に見る必要があるんですよ。人に相談するのも良いんだろうけれど、とりあえず自分でできることはというと、自分を宇宙から見下ろしてみることだと思います。巨視的な考えで自分がいまどこに生きているのかを見てみる。解決にはならないけれど、それでほんの少し肩の荷が下ろせると信じています。

※国立天文台4次元デジタル宇宙プロジェクト「Mitaka」。ソフトをダウンロードすれば自宅のPCで宇宙のシミュレーション映像が見られる
https://4d2u.nao.ac.jp/html/program/mitaka/index.html

それは絶えまなく

するすると流れ廻る

大地から

空へと

内へと

循環は永遠無窮

この星に沿って

縁を編むように

すべてをつなぐ

見えない気体たち

ゆっくりとした呼吸がもたらすのは

小さな世界と大きな世界の一体化

監修：江守正多、松長有慶

<Science> ① 循環し続ける地球の空気

<Culture> ② 私たちの中にも空がある

<Ecology> ③ 炭素の循環が間に合わない！

空

① 循環し続ける地球の空気

地球をふわりと包む

大気のベールは薄かった

　宇宙から撮影した地球の写真を見ると、地球の丸みに沿って、ふわっと青く光っている層があります。これが地球の大気。まるで地上の生物たちを大気が優しく守っているかのよう。地上ではあるかないか分からない、目に見えない大気ですが、宇宙からだとこんな風に見えているのです。

　ちょっと芝生にごろんとして、大気を眺めてみましょうか。目の前に広がるどこまでも抜けるような青空を見ていると、大気の層はどこまでも続いているように思うものです。でも地球をくるんでいる大気の層は、実はそんなに厚くありません。大気の厚さは約100キロメートル。これは地球の半径の60分の1程度しかなく、地上で考えると東京駅から出発すると富士山くらいまでしか行けない程度です。

　大気はいくつかの層に分かれています。私たちが生活している一番下の層は対流圏。その上に成層圏があり、太陽からくる紫外線を吸収して生物を守ってくれているオゾン層はこの下の方にあります。その次が中間圏、そしてほぼ真空の熱圏、宇宙とつながっている外気圏となっています。宇宙と地球はくっきりと分かれているわけではなく、大気の層を通じて緩やかにつながっています。

　空気、と呼ぶときに、私たちが考えているのは、この一番下の層の対流圏の中のこと。空気の密度がもっとも濃い層で、地球の大気の全質量の75％、また水蒸気のほとんどもここに含まれています。私たちが暮らしている場所はもちろん鳥や虫が飛んでいるのも、雲ができたり雨が降ったりする天気の変化、温暖化を含む環境問題も、ほぼすべて対流圏の中で起きている出来事。そしてこの対流圏はとても薄くて、「りんごの皮」と表現されることもあるほどです。緯度によって異なりますが、赤道域で17キロメートル、高緯度域では9キロ程度しかありません。もし私たちが空に向かって垂直に走れたら、すぐに通り抜けられちゃうくらいなのです。

　「土」の章で、土はとても薄いという話をしましたが、空気も同じ。私たちは地球のほんの少しの隙間、それもとっても貴重な場所を間借りして生きているようなものなのです。

関連：p102（土の章）

外気圏

熱圏

中間圏

成層圏

対流圏

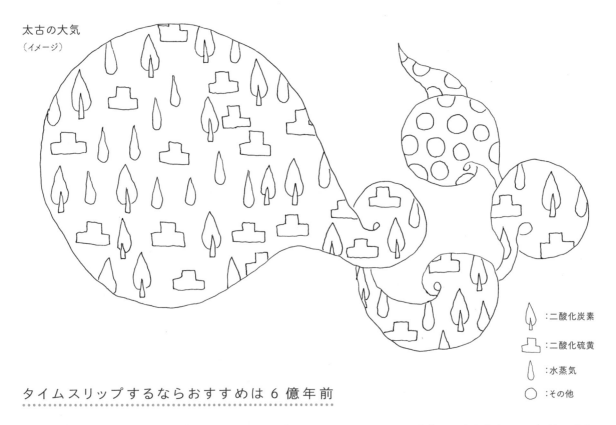

太古の大気
（イメージ）

△：二酸化炭素

品：二酸化硫黄

△：水蒸気

○：その他

タイムスリップするならおすすめは 6 億年前

　大きく息を吸って――。空気が身体中に行き渡って、細胞がひとつひとつ目覚めるのを感じますよね。このとき私たちが吸い込んでいるのは、酸素。そして酸素よりもっとたくさんの窒素です。もしも生まれたての地球で同じように息を吸ったら、こんな気持ちの良い体験はできないはず。呼吸を繰り返すなんて、とんでもない！　現在の地球の大気と、かつての地球の大気はまったく異なっていたのですから。では、いま私たちが気持ち良く呼吸できている空気はどうやって出来上がっていったのでしょう？

　現在の地球の大気は、主に 8 割の窒素と 2 割の酸素で構成されています。二酸化炭素は 0.04％程度で、その他に

アルゴンや二酸化硫黄、一酸化炭素などさまざまな成分が微量に含まれています。残念だけれど人工的な汚染物質も、その中に含まれているのもちょっと覚えておきたいところ。

　では 46 億年前、生まれたての地球はというと、ほとんどが水素によるガスに覆われていたと考えられています。でもこれはすぐに太陽風によって宇宙に飛び散ってしまいました。その後、火山活動によって地球だけの大気がつくられていきます。その時の大気は主に二酸化炭素と二酸化硫黄、そして水蒸気で構成されていたと考えられています。濃度がとても濃く、人間はもちろん、生物が呼吸なんてできないような大気。なお二酸化炭素濃度が高いのなら、地球はとても暑

164

現代の大気
（イメージ）

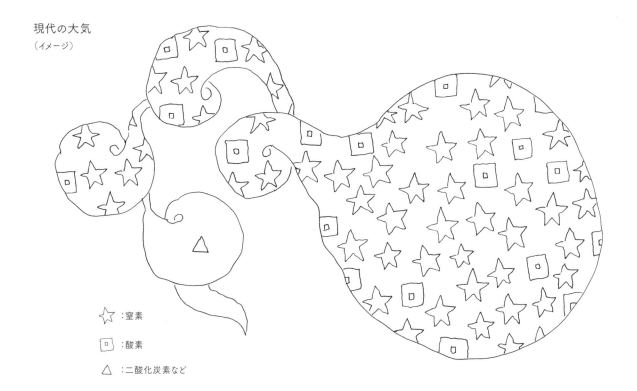

☆：窒素

□：酸素

△：二酸化炭素など

かったのではとも思いますが、その頃は太陽もまだ若かった時期。太陽のエネルギーも弱く、そこまでの暑さではなかったと考えられています。

　さて、そんな大気に大変革を起こしたのが、「海」の章で大活躍ぶりを紹介した、シアノバクテリアなどの光合成をする植物性プランクトンの登場です。彼らが有機物質の1つとして生成した酸素の一部を環境中に放出し始めたことで、地球にだんだんと、そして急速に酸素が増えていきました。海に二酸化炭素が溶け込み、堆積岩の中に固定されていったことも、二酸化炭素が減っていった理由のひとつ。酸素が増えていったことで、今から約10億年前にはオゾン層が

でき、陸上に植物が、続いて動物が進出できる環境が整っていきました。そのようにして約6億年ほど前には、ほぼ現在の大気と同じような組成──生物が暮らしやすい大気ができあがったと考えられています。

　ちなみに窒素はこの間もずっと火山から噴出され続け、特に何事も起こらずに蓄積されて、今のように大気中でもっとも豊富な気体になりました。酸素は約3億年前、濃度30％という大ピークを迎えたことも。そして二酸化炭素。二酸化炭素は大きな時間軸で見ると、ずっと薄まっていくプロセスを辿って、今に至っているのです。

関連：p020（海の章）p073（緑の章）

双子星、地球と金星を
分けたのは大気の違い？

　このまま温暖化が進むと地球も金星のようになってしまう!? そんな話を聞いたことがある人も多いのではないでしょうか。さまざまな説や予測がありますが、金星と地球は大きさや質量、太陽からの距離が近いことから双子星ともいわれている惑星です。この機会に金星をはじめとした、他の星の大気についても覗いてみましょう。

　宇宙服を着ずにヒトが呼吸できる惑星は、今のところ地球以外に見つかっていません。でも他にも大気——重力で惑星の周囲に引きつけられている気体が存在している惑星は多くあります。ただその大気の組成が、惑星によって大きく違っているのです。

　地表面の温度が470℃と、灼熱の金星。もし将来本当に地球が金星のようになったら、いったいどんな生物が生きていられるのでしょう……。そんな金星の大気は、95％以上が二酸化炭素です。その上をとても濃い硫酸の雲が隙間なく覆っていて、太陽エネルギーの8割を反射してしまうので、地上には太陽エネルギーがほんのわずかしか届きません。それなのに金星はなぜこんなにも高温なのかというと、二酸化炭素による温室効果が原因だと推測されています。金星は、二酸化炭素が極限まで増えたときの星の姿を教えてくれているかのようです。

　では火星はというと、大気の質量は地球のたった1％程度。二酸化炭素が主成分の気体が、ほんの少しだけ存在し

ています。火星は地球よりも小さいため、重力が弱く、気体の層を引きつけておけないのです。月や水星に大気がないのも、同じように重力が弱すぎるからです。

　逆に太陽系惑星の中でもっとも大きい木星はというと、ガス惑星であるため地球とは大気の存在自体が異なります。惑星本体と大気が明確に区切られていないのです。その大気の主成分は水素やヘリウム、雲をつくっているアンモニアや硫化水素アンモニウムなど。うん、木星でもやっぱり呼吸はできなそうですね。どの惑星ももし地球外生命体がいたとして、彼らは私たちとはかなり異なる呼吸のシステムを持っていることは間違いなさそうです。

関連：p140（星の章）

二酸化炭素の知られざる
もう1つの優しい顔

　温暖化の話などあまり良いイメージがない二酸化炭素。でも大気中に二酸化炭素がなかったら、地球は今よりずっとずっと寒い星になってしまいます。

　惑星の温度は大きく3つの条件、①太陽からの距離、②日射の反射率、③温室効果の強弱、によって決まります。太陽からの距離と惑星の環境は、切っても切り離せない関係性。太陽からの距離によって、受け取れる太陽エネルギーの量が決まります（①）。また地球ではそのうちの3割程度を、雲や地表の雪、氷がはね返していて、地表と大気が受け取り吸収しているのは7割程度（②）。この①、②によって、

外から見た時の惑星の温度が決まるのです。

　では惑星の上、対流圏で暮らしている私たちが感じている気温はというと、これに加えて温室効果ガスがどのくらいあるかが関わってきます（③）。温室効果ガスはその名の通り、温度を保ってくれるもの。太陽からの光で温められた地面からは、赤外線が放出されています。その赤外線を吸収し、一部を再び地表に戻す働きをしてくれてるのが温室効果ガスです。それによって現在、地球の平均気温は 15℃に保たれています。

　温室効果としてもっとも大きい働きをしているのは水蒸気で、温室効果の6割を担っています。そして二番手、2.5割を担っているのが、二酸化炭素です。

　もし温室効果ガスがまったく存在しなくなったら、地表面から放射される赤外線が宇宙にそのまま抜けてしまい、平均気温は -19℃にまで下がるといわれています。温室効果が高まり過ぎれば、もちろんそれは温暖化につながります。でも水蒸気と二酸化炭素のおかげで、今、過ごしやすい気候のなかで暮らせているという面もあるのです。すべてはバランス。二酸化炭素の恩恵も、忘れたくはないですよね。

炭素の巡りで見る

地球のエコシステム

　二酸化炭素の話が出たので、大気と陸と海、そして目に見えない小さな微生物なども含むすべての動植物を巻き込んだ、大きな炭素の循環の話もここでしてしまいましょう。

　空気中では主に二酸化炭素として存在している炭素は、大気圏、水圏、岩石圏、そして生物圏と、地球のあらゆる場所で吸収されたり放出されたりと、循環を繰り返しています。私たちの呼吸や社会活動から排出される二酸化炭素も、巡りの中に入っていきます。炭素は全大気のなかではほんのわずかですが、生物が生きていくためにとても重要なもの。炭素の巡りは地球のエコシステムの象徴のひとつです。

　まず陸上に目を向けると二酸化炭素を吸収して光合成を行う植物があります。彼らは光合成とは別に呼吸もしていて、二酸化炭素を吐き出してもいます。また植物は成長過程では炭素を蓄えていき、枯葉が落ちたり、根が切れたり、寿命を迎えて倒れたりすると、微生物に分解されて、今度は二酸化炭素となって大気に戻っていきます。これが陸上でのひと

つの循環です。

　海はというと、陸上から河川を通じて炭素を受け取っています。それと同時に大気との間でも、常に二酸化炭素のやりとりをし合っています。海域によって、また植物性プランクトンの状況によって、放出する場所、吸収する場所がありますが、海全体で見ると陸上よりも遥かに多い二酸化炭素を吸収し、そして放出しています。

　地球は氷期と間氷期を何度も繰り返していて、今は間氷期に入って1万年ほど。自然界はこの1万年という時間のなかで、大気に、陸地に、海にと、良いバランスで炭素が巡り、常に釣り合いが取れているような状態を整えてきました。それはまるで誰かが計算してつくったかのような素晴らしいシステム！……ただこのシステムが崩れつつあるのが現代の課題。その原因はというとお察しのとおり私たち人間なんですが、それはまた後ほどじっくりお伝えしますね。

関連：p040（海の章）、p053, p054（菌の章）、p105-107（土の章）

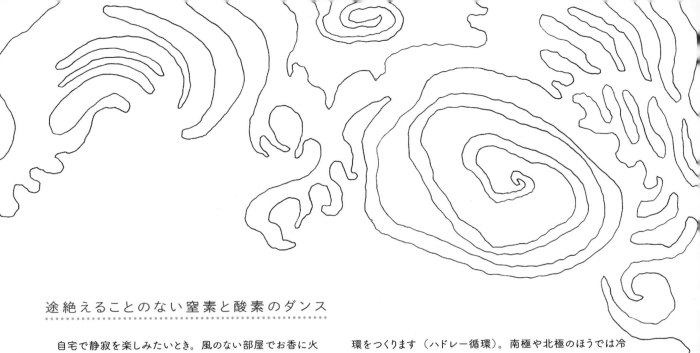

途絶えることのない窒素と酸素のダンス

　自宅で静寂を楽しみたいとき。風のない部屋でお香に火をつけてみると、煙が渦を巻きながら上っていくのを見られるでしょう。この煙の様子こそ、普段は目に見えない空気の姿。空気の主な成分、窒素と酸素がさながらダンスをしているかのように、そこかしこで渦巻いて動いているのです。

　視点をぐぐっとマクロに広げても、大気は地球の上で大きな循環を描いて動いています。167ページで地球の平均気温の話をしましたよね。平均気温が15℃といっても、赤道に近いほど暑くて、極側は寒いのは誰でも知っていること。赤道のほうが日射が直角に入り、太陽エネルギーを受け取りやすく、極に向かうほど日射が斜めに入るので受け取れる太陽エネルギーが少なくなるからです。もし大気の動き、つまり地球規模で吹く風がなかったら、この気温差は今よりもっと大きくなってしまいます。

　ではどんな風に地球規模で大気が動いているのか、かんたんに追いかけてみましょう。まず赤道で温められた大気は、上昇して上空に上り、中緯度に向かって移動していきます。そして中緯度で冷やされて下降して、ぐるっとひとつの循環をつくります（ハドレー循環）。南極や北極のほうでは冷たい空気が下降してきて、中緯度に進み、今度は中緯度で上昇して一巡りしています（極循環）。この2つの循環の間でも、上昇と下降を繰り返す大きな空気の渦ができています（フェレル循環）。

　またよく耳にする偏西風も、地球規模で動く風。西から東に向かって吹く強風で、温帯低気圧の発達や移動、寒気を運んでくるなど、日本の天気にも大きく影響しています。飛行機に乗るとよく聞く、ジェット気流も地球規模で吹いています。寒い時期には風速が秒速100メートルを超えることもあるほどの強風。これら地球規模の壮大な空気の動きが、熱の運び屋となって世界をつなぎ、また各地の気候の特徴もつくっています。

　もちろんもう少し小さい規模でも気圧の差や海流などをきっかけに、地球上の至るところで大気は風となって動き続けています。大きくも小さくも渦を描いて動き続けている大気。もしもそれらすべてが目に映ったら、世界はいったいどんな模様をしているのでしょう。

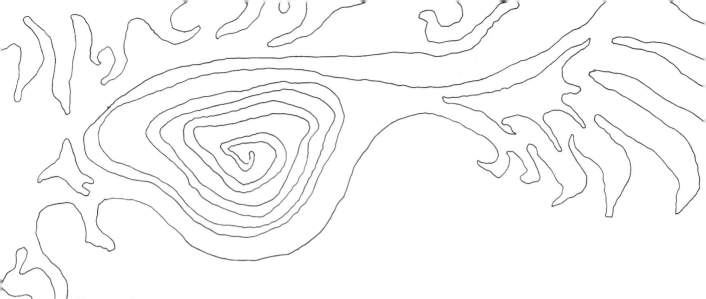

物理で読み解けるのにそれでも「天気はカオス」なワケ

　自然の現象は自由なように見えて、実はそのすべてが物理的な法則に則って動いています。私たちよりもずっと気まぐれでなく、生真面目な自然。大気の流れや天気の変化も、やっぱり物理の法則に則った計算によって導き出すことができます。だけどそれでも時々、天気予報がハズレるのってなんででしょうか。

　昔の天気予報は、天気予報官の経験値から予想されていました。天気図を書いて、以前の天気図と見比べて……「ふむふむ、2年前の天気図と動きが似ているから、このままいくと明日は雨だな」という具合。一方、今の天気予報はというと、スーパーコンピューターを用いた計算によって弾き出されています。世界中の大気の状態、温度や気圧、風や水蒸気の量など、気象に関わるさまざまなデータをもとに、物理法則に則った計算を行うと、明日や明後日、未来の天気が見えてくるのです。今では夕方に発表される翌日の天気予報の的中率は、なんと90％以上にまで上がっています。

　でもここでちょっと問題が。天気って実はとってもカオスなんです。それは天気が気まぐれで、混沌としているという意味ではなく、計算上のお話。大気を計算する方程式は、初期条件の入力が少し異なるだけで、最後に出てくる答えが大きく変わるというという特性を持っています。今日ある低気圧が明日どう動くかは当たりやすいけれど、今日はない低気圧が1週間後に「どこに」登場するかは、予測が立てづらく、初期条件の小さな違いによって全然違う場所を予測してしまうことも。だから明日の天気の的中率は高いけれど、3日後、7日後と、遠い未来になるにつれて的中率が下がってしまうというわけです。

　これをうまく言い表しているのが「北京で蝶が羽ばたくと、ニューヨークで嵐が起こる」ということわざ。これは小さな小さな無視できそうなくらいの小さな現象が、やがては無視できない大きな差になって現れるということの例え。もしかしたら今うちわを仰いで起こした風が、遠い未来の天気を変えてしまうことにつながるかも？ 空気も自然もすべてつながって、とめどなく循環しているからこそ生まれる天気のカオス。その壮大な連なりを想像しながら天気予報を見てみると、徐々に視点も地球の丸さに広がるかもしれません。

<Culture>
② 私 た ち の 中 に も 空 が あ る

生命を途切れることなくつなげる空気の共有、呼吸

ここで地球や、地球に暮らす仲間たちとのつながりを感じる、一番簡単な方法を教えてしまいましょう。それは、呼吸。意識せずにしている呼吸ですが、実はこれ、地球上のさまざまな生物……ベランダの植物や身近な人たちとも、地球をふわりと覆っている貴重な空気の交換会をしているようなものなのです。私たちは気づかぬうちに、1分1秒と途切れることなく、呼吸を通していつも誰かとつながっています。

呼吸とはまわりの環境を、自分と一体化する行為でもあります。地球に暮らす私たちが吸い込む空気は、窒素と酸素、そして少しの二酸化炭素が中心。鼻と口から入った空気は肺にある肺胞にまで辿り着き、そのうちの酸素が圧力によって血液へと運ばれます。血液に乗った酸素は身体中の細胞という細胞へ。酸素によって全身が余すことなく、地球に満たされていくと言い換えることもできるかもしれません。

もしも細胞に十分な酸素が供給されないと、体は栄養不足になり、血中にも有害物質がたまってしまいます。物理的、精神的なストレスも呼吸に影響するのは、最近広く知られるようになってきました。ストレスがあると体が緊張し、呼吸は速く、浅くなっていきます。脳に到達する酸素が減ることで集中力が落ち、リラックスした状態も得られません。深く、十分な量の高い呼吸は、副交感神経の活性化につながり、自律神経のバランスを整えることにもつながります。

瞑想から始まり、最新の呼吸法まで。私たちは何千年も前から呼吸法を工夫し、精神と体を整えてきました。ここから見えてくるのは上手に呼吸と付き合うには、何かしらコツがあるということ。まずは自分の呼吸に意識を向けて、体に酸素が満ちる喜びを感じてみましょう。植物や海が出してくれた酸素が、この体に入っていくことに。そして私たちの吐き出した空気もまた、彼らのもとに還っていくことに、自身が地球の巡りの一部であることを感じるはずです。

なぜ今、瞑想なのか

物や情報に溢れた現代。人類の文明史が始まって以来、こんなにもノイズに囲まれた時代を、人は経験したことがあるでしょうか。街に出れば五感を休ませることのない、外から飛び込んでくる情報や刺激。スマホやパソコンを開けば、インターネットを回遊して無条件に現れる情報の羅列。生活のスピードはかつてないくらいの速さになっていて、追われるように毎日を過ごす人々も多いでしょう。

けれども、どんなにノイズが増えて生活のスピードが早まっても、変わらぬ宇宙のリズムで陽は昇っては降り、そのなかで今日も私たちは生活を営んでいます。一見、華やかで利便性と豊かさに溢れたかのように見える現代。その影で多くの人々が、ひっそりとすり減らし続けてきたことがあります。それは自分自身との深いつながり。ゆったりした呼吸と共に己が何を感じ、何を思うか。自身の気づきに触れる時間は、かつてに比べ大幅に減少したのではないでしょうか。

自身とのつながりが希薄になることは、すなわち自身を包括する自然のダイナミズムとのつながりも希薄となることを意味します。

自分の心のあり方、それに伴い自ずと導かれる一つひとつの選択肢、そして拓かれていく道。これもすべて、自身とのつながりや気づきの中で生き物のように変化するもの。忙しさとノイズに自身を包む環境も、自分の内面も、壮大なカオスとなりやすい現代。そのような状況下でいかに静寂な環境で呼吸を整えながら、自己とつながる時間を保つかは大きな課題でもあります。けれども今、嬉しいことに、人種や文化を越え、人々の生活の中に浸透し広がっているひとつの習慣があります。仏教の中で大きく発達した「瞑想」すなわち、「マインドフルネス」です。

「なる」から「ある」へ、気づきのマインドフルネス

呼吸法を実践しながら自分の中へと深く降りていき、「今、この瞬間」の心の在り方に意識を向けるマインドフルネス。近年、世界中で多くの人に取り入れられているマインドフルネスは、元をたどっていくと仏教の中で発達した「瞑想」が起点となっています。瞑想の歴史は古く、約5000年前に栄えたインダス文明の遺跡・モヘンジョダロからは、瞑想しているように見える人の姿の印章が発見されているほど。これは当時の人々にとって、生活の中にいかに瞑想が溶け込んでいたのかがわかる資料でもあるでしょう。約2500年前、仏教の始祖であるお釈迦様は、瞑想によって菩提樹の下で悟りを開きました。実はお釈迦様は悟りとは何かを誰にも語ってはいないのだとか。それは瞑想による悟りとは決して言葉にできるものではなく、自身で感じるしかないものだからです。

空海が唐より持ち帰った仏教の流れの一つ密教では、そもそも私たち個人と、それ以外の万物とを分けて捉えていません。宇宙の歴史と共に私たちの素材がそもそも一つのものであったことを考えると、ミクロなコスモスである個人（小宇宙）も、マクロなコスモスである万物（大宇宙）も、そもそ

も1つのもの。現代社会では物理的に分けて考えてしまいますが、人と仏も、人と自然も、人と宇宙も、もとからすべて同じ存在なのです。たとえば人が仏になるという言い方をしますが、「なる」と考えるのは物理的な考え方。自分自身の中にすでに「ある」ことに、「気づく」ことこそ、本来の仏教の瞑想で目指すところのひとつです。

そう考えるとマインドフルネスとは、まさに自分の中にあるものに気づくための行為。呼吸を整え、あらゆる感性を最大に研ぎ澄ませ、自然のエネルギーを感じる。植物、鳥、風の音、草木の香り、自然そのものがいつだって私たちの師でもあります。そして自身と環境、すべてが溶け合うなかで、自身のミクロコスモスの中に広がるマクロコスモス、すなわち私たちが大宇宙そのものであることに気づくのです。

ノイズに溢れた現代。けれども自分次第で、自身とのつながりや、カオスの中の美しさに気づけるマインドも、育てられるのではないでしょうか。

もうひとつの「空」

「空」の章では隔たりなく地球を覆う空気や大気を通してこの惑星のエコシステム、生命の呼吸、私たちの体内を旅する空気、そして呼吸を整えて行う瞑想、そんなストーリーを辿ってきました。頭上に広がる空は果てしない広がりで私たちを包み、その果てしなさは空気を通してミクロにもマクロにも壮大な広がりを私たちに感じさせてくれます。ここでもう一つ紹介したいのが空をクウと読む時の、もう一つの意味合い。仏教での「空（クウ）」という言葉が、私たちに教えてくれることです。

空、それは自我を壊し、手放す作業から始まります。自分が常にかけている世界を観るレンズを外し、自分のレンズでものごとを分かつことをやめて自我を解き放った時に、初めて啓かれる世界のことをいいます。それは瞑想と同じく、言葉ですべてを伝えきれるものではないかもしれません。壊して手放して、自我がなくなった状態の時に初めて見えてくる景色。

実体のない存在となり、大きな宇宙の存在に気づき、自身とそれらが一体であることを感じる。そのプロセスはもしかしたら先入観を捨てて、世の中を正しく捉えて見ようとする、「科学の」姿勢にも近いものがあるのかもしれません。

諸行無常という言葉が表すように、呼吸や水、さまざまな生命から得たエネルギーで構成された私たちを含め、万物はとどまることなく常に移り変わりながら、川の如く流れていきます。

確固たる実体そのものはなく、同時につながり合う万物が一つのダイナミックな環の中で流転し続ける姿を、空という言葉はいろんな角度で教えてくれます。

④ 炭素の循環が間に合わない！

調和のバランスから、はみ出しつつあるヒト社会

　炭素を巡る、地球のエコシステムの話を覚えているでしょうか。自然界が築いてきた、炭素の吸収と放出のちょうどいいバランス。今、そのバランスが崩れて、放出過多になっているのは多くの人が知っているところ。

　そもそも地球の大気中に、たったの0.04％しかない二酸化炭素。それが少し増えたくらいで、本当に温暖化につながるの？と考えている人もいるかもしれません。でも思い出してください。この0.04％の二酸化炭素が、温室効果に関しては全体の2.5割もの役割を担っているのです。しかも二酸化炭素が増えて気温が上がると、より多く温室効果を担っている水蒸気がさらに増えるという、嬉しくない循環が輪をかけて起きてしまいます。大気中の二酸化炭素の量は確かにわずか。でも気温への影響力はかなり大きいものなのです。

　大気中の二酸化炭素の量は今、415ppmを超えた程度。産業革命前は280ppmですから、人間が石炭などの化石燃料を使い始めてから135ppmも増えていることになります。地球は二酸化炭素量が低い氷期と、二酸化炭素量が高い間氷期を、約10万年周期で繰り返していますが、その間の差は100ppm程度。私たち人間はたったの100年や200年で、自然の変動を超えた変化を起こしてしまったのです。

　人間活動で出た二酸化炭素も、もちろん自然の循環の中に入っていきます。植物は喜んで光合成に使ってくれるし、海も大気中の二酸化炭素量の方が濃くなると自然に吸収してくれます。それでも吸収しきれなかった分は？現状、人間活動から出た分のうち、約31％を陸上の生態系が吸収してくれていて、23％を海が吸収してくれています。そして残りの約半分が、吸収されずに大気中に。大気中に残った炭素も自然の循環に取り込まれます。でも年々、残った炭素と同じだけの量が、大気中に増えていっていることは変わりありません。炭素の吸収が間に合わなくなっているのです。

　長い歴史のなかで自然界は外的な環境の変化に合わせ、調和のとれたバランスをシステムとして馴染ませてきました。このままでは確実に温暖化の方が先に進んでいってしまいます。でも今世界全体がパリ協定の下に目指している、「2050年までに、人間活動による温室効果ガスの排出量を実質的にゼロにする」目標を実現できれば、その後は、時間をかけて自然界、そしてその一部である私たちが新しい調和のバランスを馴染ませていけるのではと、期待できます。

世界が手をつないだ環境問題の嬉しいはなし

この本を読んでくれているあなたが30歳以上の方だったら、昔よくオゾン層についてのニュースが取り上げられていたのを覚えていませんか? 若い方でも南極のオゾンホールの写真を教科書で見た覚えはあるかもしれません。このオゾン層の問題は、環境問題への対策が成功した、少し嬉しい例でもあるのです。

太陽からの紫外線を吸収して生命のバリアになってくれているオゾン層。その破壊の主な原因となっていたのが、フロンガスでした。人工的に開発されたクロロフルオロカーボンに代表されるフロンガスは、エアコンや冷蔵庫、電子部品の製造、スプレーなど、幅広く使われていた身近なもの。1970年代、これが大気中に排出されると、壊れることなくオゾン層にまで昇っていき、オゾン層を破壊する化学反応を起こしていることが明らかになりました。オゾン層が破壊されると生態系の破壊にもつながるし、人間の健康にも大きな被害が……。国際社会は世界的なフロンガスの規制を、モントリオール議定書にて採択。まずは先進国から、そして発展途上国もと、段階的にフロンガスをつくるのをやめていきました。

今、オゾン層はどうなっているでしょう? 完全ではないものの、長期的に見ると回復傾向に向かっているのが観察、報告されています。世界が手を組んだ環境問題への取り組みが、実を結びつつあるのです。とはいえ完全回復は2050年とも、2070年とも。一度壊しかけてしまったものを取り戻すのがどれだけ大変かわかります。

そしてもう1つ。フロンガスの代わりに使われてきた代替フロンにも強い温室効果があることがわかっており、この規制も始まっています。

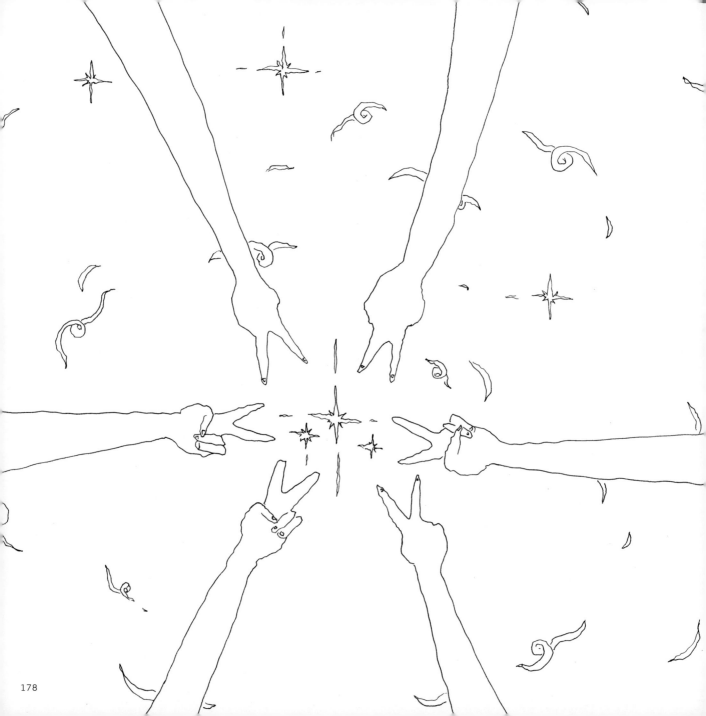

小さな声を集めてシステムを変えていこう

　空はとてつもなく広いから、空にまつわる環境問題は 1 人で解決できることではありません。でもオゾン層の破壊を食い止めつつあるように、温暖化も世界のみんなで手をつなげば、きっと食い止められるはずです。

　産業革命以降、地球の平均気温はすでに約 1℃上昇しています。このまま有効な対策をとらなかった場合、20 世紀末と比べて 21 世紀末の世界の平均気温は 2.6 ～ 4.8℃上昇するとされています。

　温暖化の影響は、地球全体へ。海は陸上の氷が溶け出すのに加え、熱によって膨張し、海面が上昇。もうすでに 20 センチ上がっている状態です。大気中に水蒸気が増えるので、記録的に激しい大雨や異常に発達した台風も発生しやすくなるでしょう。一方で水不足や砂漠化が進む地域も出てきます。生態系への影響も図りしれません。すでに海ではサンゴの白化や生息域の変化など、影響が出はじめています。

　温暖化の原因となる温室効果ガスには二酸化炭素以外に、メタンや一酸化二チッ素、代替フロンなどもあります。でもやっぱり一番影響が大きいのは、人間が使うエネルギーと強く関係している二酸化炭素。

　私たちはこれから、どうやってエネルギーを得ていくのか──。いま世界が目指しているのは、なるべく早く、遅くとも 30 年以内に化石燃料から自然エネルギーへと移行し、産業革命以降からの温度上昇を 1.5℃までに止めること。エネルギーというと社会全体の大きなシステムに関わる話になります。向き合う対象が巨大なスケールですが、二酸化炭素の排出量ゼロに向けて、各個人が可能なところから選択肢や生活を見直し、システムチェンジのための声を届けることはできること。

　一人ひとりの選択肢や声は小さくとも、それが紡ぎ広がり続ければ、大きな力へと膨らみます。私たちが生きる社会の未来は、私たち一人ひとりの意識、想いが作り出すのですから。

空 talk

NOMA × 江守正多（気象学者）

NOMA 江守さんはいつもとてもわかりやすく気候変動についてセミナーやイベントでお話をされていて、その影響力の大きさを感じています。今、人間中心の社会から地球中心の社会へと、まさに移行期間だと思います。人が地球の一部として調和するのに、どうしていくのが良いのでしょう。

江守 今はどっちに向かうかせめぎ合っているような状況だと思うんですね。前に読んだ道徳心理学の本によれば、保守とリベラルの姿勢をとる人の違いに、進化の帰結としての遺伝的な違いがあるのでは、ということが論じられていました。もしかしたら状況を変えようというときに、抵抗する人も出てくるのは、生物としての人間の本質なのかもしれない。最近そんなことを考えています。

NOMA 今の心地よい暮らしの環境を変えたくない、必要を感じないという人の気持ちも想像はできますよね。

江守 でも今世界はグローバル化してしまったので、どちらの姿勢をとる人も運命共同体なわけですよね。地球上の半分の人が脱炭

相乗りできる答えを見つけないと、社会はうまく変わっていかない —江守

素といって社会を変えようとしても、もう半分の人たちが今と同じように二酸化炭素を出し続けたら状況は変わりません。相乗りできる答えを見つけていかないと、社会はうまく変わっていかないんじゃないかなと思います。

NOMA 二元論でどっちが正しい、正しくないを話をしていても、時に余計に分かれて溝が深まるように感じることもあるので、どうやったら一元論的な視点に持っていけるのかは、私もいつも考えています。自分なりに参考にしているのは、日本古来の自然観や、先住民の人たちの自然観。自然と人を一体化して感じている人たちのものの見方や感性に、ヒントがあるのではと思っています。

江守 説得や交渉で社会を変えていこうとすると、すぐに二元論にはまってしまいますよね。逆に、「こうやったらうまくいく」というのを、実際に見せるというのが、主流になってきている気がします。

NOMA なおかつそこに楽しさや心地良さがあって、変えた先に幸せの価値を見出せると共感したときに、気づいたらこっち側にいるんでしょうね。

江守 そうそう、「気づいたら」っていうのが

最近の注目は「市民会議」。市民の声がもっと高まっていけばと思います——江守

いいですよね。

NOMA この本もサイエンスの知識からの驚きや感動を通して、気づいたら「私たち自身も地球なんだ」ということを発見してもらえたらと思っています。たとえば私が江守さんのお話を聞いてから、「今感じている風も、窒素と酸素のダンスなんだ！」って、風が吹く度に感動しちゃっているみたいに。地球はぜんぶつながっていて、争っている人たちでさえ空気や菌を交換し合っている。その事実を知ると地球の裏側の人たちや、他の動植物のことも、切り離しては考えられないです。ところで最近、江守さんが注目している活動などはありますか？

江守 僕が最近、注目しているのは「市民会議」といって、無作為抽出型の熟議というもの。イギリスとフランスで行われた市民会議は有名で、フランスでは市民会議からの提案に基づいて、航空機の国内線の一部が廃止になったんですよ。僕が入っているグループでも、札幌で小規模の「気候市民会議」というのを開いて、そこで出た意見を札幌市に届けるという試みをしました。これが非常におもしろくて、他の地域や、市民レベルでやりたいという声がもっと上がったらいいなと思ってい

つながりを感じるほど、遠くの人も動植物も切り離しては考えられない——NOMA

ます。

NOMA 今まで興味がなかったことでも、考える機会が増えていくのは大切ですよね。私も参加してみたいです。

江守 人間と地球の関係性の話でいうと、先日、僕の同僚の生態学者の五箇公一さんが、生物多様性を守るというのは、生物じゃなくて人間の安全保障なんだという話をしてましたよね。気候変動への対策も、同じだと思っています。

NOMA 「地球を守ろう」って、良く使われる言葉ですよね。子どもの頃に自然保護活動家の方とつくったポスターを見返したらも、やっぱりそこにも「地球を守ろう」と書いていて、私、まだまだわかっていなかったなって（笑）。自然科学の探究をライフワークにして地球を知れば知るほど、「守る」は表現として違うなと感じるようになりました。地球も宇宙も循環しながら均衡を保っていて、その中に今の生態系のバランスはあるんですよね。環境問題についての活動も、暮らしを変えようというのも、その中で人間社会が存続できるためにやっていること。それをちゃんと認識しておくのは大切なことだなと感じています。

181

海から始まり、微生物、植物、土、
空気、さまざまに絡み合うエレメンツは
私たちそのものであり
すべてがとどまることなく巡り続ける
地球の喜びも哀しみもすべて
私たち、そして未来へと循環する

監修：辻 信一
取材協力：田中 克

虹

生命の循環と共生が調和した世界が
曼陀羅のように広がる自然界
人間社会がその一部として
乱れることなく調和するのは
どんな景色か

先祖からゆっくり時間をかけて
紡がれた過去
これから紡がれる未来
束の間で生かされている今は
玉響のひと時であり、永遠

多様な元素に溢れた宇宙で生まれた
多様な生命に溢れる地球

① 私たち、ヒト社会の歩み

人が歩んできたセパレーション歴史

　ここまで海から始まり、微生物、緑、土、星、空と、地球をぐるりと巡る旅をしてきました。5章では地球を飛び立って宇宙まで！ そんなふうにマクロな視点に立ったり、ミクロな世界を覗き込んだりしていくと、地球も宇宙もすべてのものがつながり合い、私たちもそのつながりの一部であることを何度も感じたことでしょう。けれども、人間社会が地球の一部として調和していると思えない今。どうしたら良いかとふつふつとくすぶる疑問を解くカギは、人が歩んできた「セパレーションの歴史」を知るところにありそうです。

　善と悪、効率と非効率、必要なものと無用なもの、私たちは文明の発展のために、しばしば何かを分けたり、捨てたりすることをくり返してきました。1万2千年前頃に農耕が始まり、人が定住し、私的所有という考え方が生まれ、都市ができ、そして貨幣経済が始まって、国家も生まれ……。そのような歴史のなかで特に人の暮らしや価値観が大きく変わっていったのは、ここ500年程度のこと。この期間、私たちはいったい何をセパレートしていったのか。

　ひとつは、その地に根を下ろし、その土地の生態系の一部であった人たちが、土地や地域、故郷から自由になり始めました。また都市部での暮らしによって、大地からも離れていきます。もう地域のことも、そこにある生態系のことも、極端にいえば気候さえも、自分から離れたものとしてしまったのです。さらに人々はコミュニティ、特に親族間のつながりからも離脱していきます。それまで人の生きがいや死生観は、土地や親族のネットワークと密接に関係しているものでした。でも私たちの多くはそこからも自由になっていったのです。

　文化をつくる3大要素ともいえる、エコロジー、コミュニティ、ローカル。この500年間は、そこからフリーになることこそ「進歩」と捉えていた一面があります。けれども、それは地球の環境に負荷がかかる結果にも関わってきました。なぜなら多くの人にとって、大地との関係性が希薄となっていったからです。そしてもうひとつの結果が、社会的な問題となっている孤立です。

　実はこのセパレーションの歴史のベースにあるのは、資本主義の在り方。経済的、物質的な豊かさを生み続けることを前提に生まれた社会システムです。現代を生きる多くの人は気づかないうちに、この前提がマインドセットとなっているよう。でも……私たちって、際限のない豊かさを求め続けたいんだっけ？ そもそも本当につながりから自由になりたかった？ 今ようやく立ち止まり、価値観を転換するタイミングにきています。さぁ、ここからは次の500年をつくっていくヒントを探しにいきます。

つながりが目に見えていた

地域自給型の江戸時代

　歴史の大きな流れで語られないところでは、世界の各地でつい最近まで自然と人が共生した持続可能な生活が営まれていました。もちろん今も、限られた場所に見えますが、そのように暮らしている人たちも多くいます。

　日本でもそこまで時代をさかのぼらなくとも、ほんの少し昔、江戸時代を見てみると、自然と人、地域と人が共生していた暮らしがありました。260年続いた大きな争いのない時代。その終わり頃に日本を訪れた外国人の多くが、「こんなに幸せな人たちがいるのか！」と驚いたそう。江戸というと、もう商業都市はできあがっていました。でもその仕組みは今の都市とはちょっと違います。商業都市も都市から離れた村々も、基本的にみんな地域自給型。食べ物もエネルギーもすべて地域、つまり周辺の自然からのいただきもので賄っていました。さらにいえばこの時代は、ほぼ100％太陽エネルギーで、植物資源。太陽からの贈りものと、山川からの水の恵みを利用して作物や食物をつくり、物資をつくる。そしてまた大地に還すという、循環の環がそこかしこにできていたのです。

　稲を収穫したら残った藁は日用品や堆肥、燃料に。燃やした藁灰も肥料として土に撒き、大地におかえしします。照明用の油は主にゴマやツバキの実、ナタネ、綿の実から。そして、いわしが獲れる地域ではいわし油が原料に。油を絞ったあとの油かすも良質な肥料となりました。商業都市である江戸の街中に住んでいたとしても、川も身近で、近くの村から食物が届けられ、そして排泄物などはそれら村々の土に還されていきます。都市にいたとしても、目に見えるところにつながりがあったのです。

　江戸時代が教えてくれるのは、遠くからものを取り寄せることにこだわらなくても、その地域で得られるもので、その地域の人々の知恵と技を活かせば、暮らしに必要なもの、楽しむものは、十分に満たせるということ。人が地域に根付いているから、おのずと孤立の問題も少なかったでしょう。江戸時代は文芸や観劇などの娯楽も盛んで、文化的にもとても華やいだ時代。それは共生の社会と文明の豊かさが対立しないことも、気づかせてくれます。

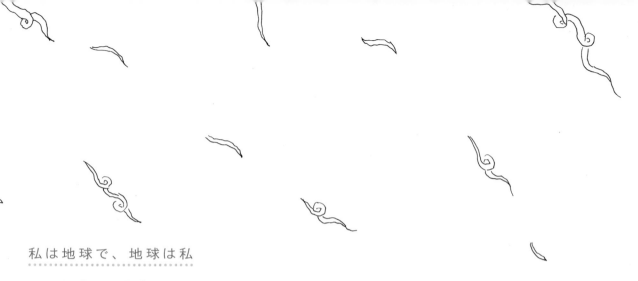

私は地球で、地球は私

アニミズムの思想

　自然と共生する暮らしをより深く掘り下げていくと、日本人を含む古来の人々の自然観、アニミズムへと辿り着かざるをえません。自然の一部として生きる。それはつまり自然を畏れ敬い、同時に信頼してコミュニケーションをとることに他ならないからです。アニミズムとは自然の中に生命を感じ、人間だけでなくすべてのものに霊魂が宿っているという思想のこと。

　日本のアニミズム的感覚は火や水を象った土器に象徴されるように縄文の頃から見られるとされ、仏教が入ってきた後も重なり合いながら今日まで共存しています。森羅万象に神が宿る。八百万の神々。と書くと、自分のなかにあるアニミズム的な感覚に、思い至る人も多いのではないでしょうか。ブータンでは今も、山や川を神様として大切にしています。タイの少数民族カレン族では、虫の儀式、種の儀式、災害の儀式など、農作業をするときに自然に捧げるさまざまな儀式が。アニミズムの思想では、自然はコントロールするものではなく、信頼し続けていれば答えてくれる、応答可能性のある相手だったと考えられます。またそこにはシャーマニズムともいいますが、植物や動物の声が聞ける人も存在していました。

　ときに原始的とも評されますが、アニミズムはむしろとても普遍的な感覚であり、文化です。科学を「世界を客観的に知る姿勢」だとしたら、アニミズムは「世界の中にある生き方」そのもの。そこでは世界は無数のつながりでできていて、密につながり合いながら新たなものを創発して広がっています。私は私でありながら、他者でもあり、その輪郭はとっても曖昧。

　日本語にはこの感覚をぴったりと表している言葉があります。「あいだ」を意味する、「あわい」。アミミズムではそもそも、「ひと」「もの」「こと」の「あいだ」をはっきりと分けるのではなく、曖昧な雑の部分を残して捉えていました。それは夕焼けが夜の闇へと溶け出していくような、淡いつながりの感覚。日本の暮らしにはさまざまな場面で、「あわい」の感覚を見てとることができます。

　私と他者、私と自然、そして私たちと地球。すべてはあわく結ばれてつながり合っている。この感性が日本文化のあらゆるところで豊かさも育んできたのです。「あわい」の足跡を辿ると思わぬ発見にも出会えるかもしれませんね。

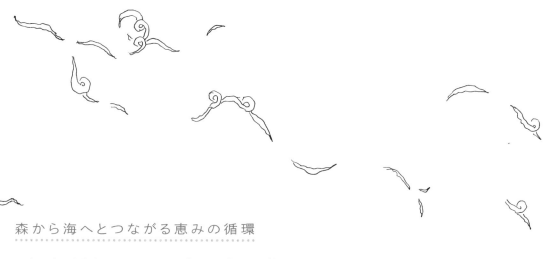

<Science>

② 森里川海のつなぎ方

森から海へとつながる恵みの循環

　今、森から海までのつながりを見直して、豊かな生態系を取り戻す動きが広がっています。森から湧き出た水は里を通り、川に流れ出てやがて海へと辿り着きます。そしてまた海から蒸発した水が雨となって降り注ぎ、豊かな森が育っていく。森から出発する水には森に暮らす以外の生物にとっても恵みとなる、さまざまな成分が含まれています。森、里、川、海をぐるぐると巡り続ける、恵みの循環。海の生き物たちにとっても、森は海と同じくらい大切な故郷なのです。

　恵みがどのように巡っているのか、ここでは鉄を主役に追いかけてみましょう。実は鉄分は海の植物性プランクトンや海藻などの植物の成長にとって欠かせないもの。光合成で栄養素となる窒素を取り込むときに、鉄分によって窒素を取り込みやすいものに変えるプロセスが必要となるためです。スムーズな光合成をかなえる鉄分がどこからやってくるのかというと、それこそ森の腐葉土層から。森の広葉樹がはらはらと落とす葉は、土に落ちて分解され、土の一部となって

いきます。鉄イオンはその土の中で有機酸と結びつき、錆びない鉄になって地面から溶け出します。そうして川や地下水を通り、途中で里を通り抜けながら、海の植物たちのもとに辿り着くのです。里の水田や畑、場合によっては人間活動も、鉄分の供給源になっていると考えられます。

　ここで気がつきたいのは、私たちは森と海の「あいだ」をつなぐ、里の住人だということです。もちろん都市だって、里のひとつ。森を出発点に日本列島には3万本以上の川が流れ、私たちはその周りに集まって村を、町を、都市を築いてきたのです。間に暮らす私たちが川を汚したり、地下水を汲み上げ過ぎたりすれば、森から海のつながりの分断となるのは明白。豊かな森からの恵みを、いかに豊かなかたちで生態系へと循環させていくか、手を貸すことができるのも人。森から海へのつながりを紡ぎ直すこと、それは「あいだ」にある私たちの暮らし方を紡ぎ直すことともいえるでしょう。

関連：p020（海の章）、p071（緑の章）、p103, p105（土の章）

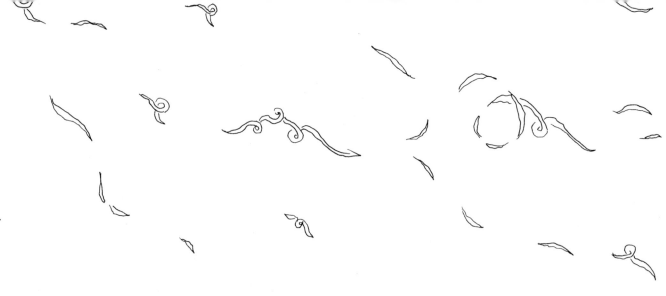

「あいだ」を紡ぎ直す「里」のこれから

　森と川と海、そしてその「あいだ」にある里の暮らしのつながりの深さを、本当は私たちは知っていたはずでした。約1300年前の文書にも「海辺の森を大事にすると、その水辺には魚が居付いて豊かになる」というような内容が記されています。漁業を行う地域では水辺の森を漁付き林といい、壊さないよう大切にされていました。里の暮らしも森と海の循環を守り、その巡りのなかで営まれていたのです。

　最近でもそのつながりを忘れていない、また見直して暮らしている人や里はいくつもあります。たとえば宮城県気仙沼で牡蠣養殖業を営む漁師がはじめた、川の上流域への植林活動「森は海の恋人」運動。美味しい牡蠣を育てるために、森を豊かにする。1980年代に始まったこの活動は、今では全国的に広がっています。宮崎県の山奥、椎葉村では日本で唯一の焼畑農業が続けられています。4年間農地として使った土地を、森に返すときに植えるのは栗の木。源流域にふさわしい広葉樹をさまざま試し、辿り着いた栗の木は、日向の海を豊かにするとともに、地域の猪の食料となり、里での猪害を減らし、そして自分たちも美味しい栗を食べら

れるという嬉しい循環を生んでいます。

　岩手県の陸前高田市と住田町の関係は、人の暮らしの中にも森と海のつながりを感じる優しい例。昔から数十年に一度の頻度で津波が起こる三陸地方の陸前高田市のために、内陸の住田町には常時から支援部隊が準備されているのです。避難の受け入れ先にもなるし、救援にも行く。森と海の人々が共同して持続可能な社会をつくってきたモデルといえます。もうひとつ、群馬県の上野村は成長を求めずとも暮らしが続く、循環型経済を実現している未来を感じる村です。江戸時代の循環型の暮らしを参考に、最新のテクノロジーを取り入れて、村の96％を占める森と共生しています。そこで暮らす中学生にアンケートをとると、ほとんどの子どもが将来は村に戻ってきたいと答えるのだとか！

　森や川、海を遠くに感じることも多い里、もっといえば都市での暮らしもそうです。でも森や川から離れた町や都市でも、こんなふうに自然の循環に良い形で巻き込まれることも不可能ではないはずです。宝物ともいうべき持続可能な生き方を実践している人々から、学べることは多くあります。

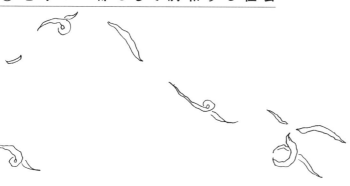

<Culture>
③ 地球の一部として調和する社会

サイエンスとテクノロジーと「共生の社会」の共存って?

　この本ではサイエンスの視点で地球をたくさん眺めてきました。地球の、生物の、不思議を解きたいと思ったときに、科学的な知識は大きなヒントとなります。知ることはおもしろさの始まりです。またサイエンスからは新しいテクノロジーが生まれ、それによって人の社会はある意味で便利に変わってきました。ところで、188ページでは科学とアニミズムの違いに少し触れました。サイエンスやテクノロジーと、共生の社会。そこに良い付き合い方はあるのでしょうか?

　実は近年、科学の分野でもアニミズムの感性と共鳴するものが見出されつつあります。目に見えない物質世界のなかにも、世界のつながりを示唆する気配があるのです。「地球をひとつの生命体」と捉えるガイア理論からは、古代の哲学思想、「地球はひとつの魂を有する生き物」とするアニマムンディ（宇宙霊魂とも訳されるラテン語）を思い出させられます。高い専門性を持ち、問いを深く掘り下げていく科学から、まったく反対側にあると思われがちな、ホリスティックな地球のつながりが見えつつある。それはまさに新しいアニミズムといえるのかもしれません。

　一方、テクノロジーは現代社会においてひとつの希望、経済成長のカギと捉えられています。AIやロボット……そのすべてが共生の社会と対立するものではないでしょう。この本のなかでもいくつか紹介しましたが、人が地球の循環や再生にいま一度入るために、進められているテクノロジーも多々あります。この世界のことを探究し、夢やロマンを与え、ウェルネスや人と人とのつながりのために、さまざまなかたちで恩恵を与えてくれてきたテクノロジー。けれども時として、テクノロジーにより多くの人が傷つけられた歴史もあります。

　地球の調和を乱していないか、自然に対する謙虚な姿勢が保たれているか。何がほんとうに必要で、何を選ぶべきか。テクノロジーを得て、知識と経験を積み重ねた今だからこそ、人類にとって調和のとれたテクノロジーとの付き合い方ができるのではないでしょうか。地球の循環や再生を手助けし、私たちを豊かにつなぐような魅力的なテクノロジーもあるからこそ、意識して考えていきたいテーマです。

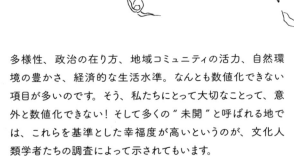

今こそ幸福の再確認

　みなさんは、いつ、どのような時に心の底から湧く喜びを感じていますか？ 20年程前、ブータンが世界一幸福度の高い国として紹介されたのは有名ですよね。またインドの山岳地帯にある村、ラダックでは、岩や砂しかないヒマラヤの高地に人が暮らすことによって森ができ、鳥や虫が賑やかに集まる「里山」がつくられました。人が生きること、農業をすることが、必ずしも環境破壊につながらない。地球と調和し、共生していける希望があることを教えてくれます。しかも単に環境に良いばかりではなく、そこには平和で、非暴力的で、高い満足度を得ている人々が暮らしています。彼らは自然と人、人と人との間で、交換よりも、分かち合い（シェア）を大切にする人々。これからの幸福の価値を探すヒントは、もしかしたらこれらの地域での暮らしにあるかもしれません。

　都市では「幸せ」を、「経済的な豊かさ」「物質的な豊かさ」「キャリア」のなかに偏って求める傾向があったでしょう。そしてこの偏りがセパレーションの歴史を後押ししたともいえます。でも経済的な豊かさだけが、幸福の基準なのでしょうか。

　ブータンが幸福度を計る際の、9つの項目をあげてみましょう。精神的な幸せ、健康、時間の使い方、教育、文化の多様性、政治の在り方、地域コミュニティの活力、自然環境の豊かさ、経済的な生活水準。なんとも数値化できない項目が多いのです。そう、私たちにとって大切なことって、意外と数値化できない！ そして多くの"未開"と呼ばれる地では、これらを基準とした幸福度が高いというのが、文化人類学者たちの調査によって示されてもいます。

　では、もう一度、自分にとっての幸せに思いめぐらせてみたら。持っているモノの数、お金、それらの数字はあなたの幸福度を教えてくれるものでしょうか？ 何に喜びや幸せを感じるのか――。それを感じるためにも、今より少しスローダウンすることが大切かもしれません。喜びや幸せを感じるモノゴトのバランスもきっと多様性に満ちています。あなた自身が調和を感じるバランスはどこにあるのだろうか。それはあなたにしかわかりません。もちろん、私たち自身でもある地球の健康を大前提に。

セパレーションから
リレーションの物語へ

　行きすぎたセパレーションを修復するように少しづつリレーションが育まれ、再生し始めた 21 世紀。離れてしまった地域や故郷、大地、コミュニティが近年、各地で紡ぎ直される姿を目にしている方も多いのではないでしょうか。土に触れたり、畑を借りたり、地方移住、コミュニティから生まれるその土地ならではの活きた文化。

　動植物や他の生命をいただき、膨大な数の微生物たちと共存してきた人類。人はその歴史が始まった時から地球の一部であり、これからも地球そのものです。

　自然と深くつながりあってきた古来の自然観や社会の在り方から学び直せることも沢山あることもわかりました。積んできた歴史や文化を振り返りながら今、持続可能な生き方を再編集し、地球の一部として調和する人間社会を目指す。私たちがセパレートしてきたものには、今こそ学ぶべき知識が多く眠っています。それは過去に戻るためでなく、さらに進化した形でこれからの未来を生きるための学び。

　すべてがつながり合うこの世界では、パートナーでないものはひとつもありません。海も微生物も緑も土も空も、星だって、私たちのパートナー。まずは自然とつながる感性を、自分の中にある〝未開〟を、見つけてみましょう。そこからリレーションが創る未来が走り出します。

虹 talk

NOMA × 辻 信一（文化人類学者）

NOMA　今回お話を伺ってセパレーションからリレーションへ転換していくことで、とても豊かな世界が広がる気がしました。

辻　それはよかった。具体的な環境の話はほとんどしなかったけれど、何をするにしてもまずは世界観の大転換が必要。セパレーションという物語から目覚めなきゃ! なぜならリレーション、「あいだ」こそ僕たちの故郷なんだから。

NOMA　気候変動にしてもその他の社会的な問題にしても、マクロな視点で全体的に見ていかないと、解決できない問題だと思うんです。いかに「あいだ」を見ていくセンスを養うかというのが求められているように感じました。

辻　まさにホリスティックな視点だね。ホリスティックとは無数のつながりに支えられている私ということだから、やっぱり間が大事なんですよね。「あいだ」を見るということは、過去から未来への長い時間や空間の文脈から見るから、視野が広がっていく。僕はグローバルからローカルに転換していこうという運動をしていますが、ローカルにいけばいくほど、実は世界は

広くなっていくんですよ。そして地球の裏側のアマゾンの人にも親近感が持てるようになるからおもしろいでしょう?

NOMA　本来、人は土地に根付いていて、その土地の環境や豊かさ、美しさが、その人にも表れていたと思います。だって人は地球の一部だから。でも今は途切れた状態になっていて、しかもみんな忙し過ぎるんですよね。でも一方で、つながりをいかに再生していくかを考えている人も増えきたと感じています。

辻　よく田舎に引っ越すしかないと考えがちだけれど、自分の周囲で変えられることもたくさんあります。たとえば食べ物に今までよりもコミットしてみるとか、ヨガや瞑想、歩くのだっていいですよ。こういうちょっとした転換が、すべてつながりを取り戻す一歩になります。都会だって大きく変わらないといけないんだから、変わるためのエージェントになってほしい。自分のできる範囲で、でも勇気を持ってどんどん踏み出してみる。そうやって僕らが変わっていけば、世界は変わっていきます。

NOMA　そうですよね。たとえば都会の中心

からどんどん耕す行為が広がったりとか！　空き地を見かけると、いつもそういうことを考えています。

辻　いいですね。僕らナマケモノ倶楽部は、怠けること、つまり引き算することによって、スローダウンすることを大切にしている。そうしないとつながりもつくれないから。

NOMA　たしかに。忙しいとつながれないし、味わえないし、自分が何を感じているかもわからなくなっちゃいますもんね。そういった転換、スローダウンした暮らしに向かう動きに、この本が追い風になるような、新しい視点を投げかけられるような一冊となれたらと思っています。

辻　それこそ、「あいだ」をつなぎ直す本にしたいね。

NOMA　はい。サイエンスの知識もいっぱい入っていますが、知って終わりではなくて、そのすべてにつながりを感じて地球をホリスティックに見る視点を伝えていきたいです。

辻　そもそも科学って、答えのない問いなんだと思う。問い続けることこそが楽しさなんだけれど、問題はわからないことに耐え続けられるかどうかというところだったりもする。

NOMA　わからないって、すごく幸せだと思うんですけど……。

辻　僕もそう思います。だからこそ死ぬまで楽しいんじゃないかって。でも多くの人は答えがないことに耐えられないんですよ。なぜかといったら今の学校教育が、答えを覚えさせる教育だから。とはいえ人生も社会も宇宙も、答えがあるものではありません。だからこそ今、わからないことに耐えて、それとともに生きる力。ネガティブケーパビリティが大事なんです。

NOMA　私は自然が好きというところから、サイエンスが大好きになったんですけど、その魅力って、知れば知るほどわからないところにあると感じています。わからないから最高に楽しい！

辻　NOMAさんのそのワクワクを、この本を通じて感じてもらえるといいよね。答えを出す本じゃなくて、問いによって世界とつながり始める本！

日々の選択、アクション

30年後、100年後、1000年後

より永く

調和した世界を未来に贈るために

つなげてみる

小さな微生物から果てしなく広い宇宙

この世界を感じて知ることは

私たちを知ること

地球の一部として

調和していくヒトの歩み

　果てしない喜びと学びを与えてくれる大自然。心ゆくまで野遊びをさせてくれ、自然から学ぶ機会をくれた母と父。この本のご縁をつないでくれたmIeさん。監修、そして取材にお力添えしてくださった叡智に溢れる先生方、研究者のみなさま。本書にあたたかなメッセージも寄せてくださった福岡伸一先生。抜群の感性で本書に楽しさを添えてくれたブックデザイナー町口 景さん、イラストレーターしんかわまさみさん。アリゾナ州よりお力添えしてくださったサイエンスライターの秋山沙奈江さん、爽快なチームワークで日常を切り撮ってくれた橋詰あきちゃん＆高橋史枝さん。今回の機会をくださり、さまざまな挑戦を許してくださった担当編集者の庄司真木子さん、グラフィック編集部。いつも感性や知的好奇心をくすぐる友人たち、家族、マネージャーをはじめ、本書をつくるにあたって心強いエールをくれたみなさま、そしてこの本を手にとってくれたみなさまに、心より感謝の気持ちを込めて。

2021 年 5 月 12 日　NOMA

監修・解説者

第1章 **海**

福岡伸一（ふくおか・しんいち）
生物学者。京都大学卒。青山学院大学教授・米国NYロックフェラー大学客員研究者。"生命とは何か"をわかりやすく解説した著書を次々と発表。代表作にベストセラー『生物と無生物のあいだ』、『動的平衡』シリーズ、『福岡伸一、西田哲学を読む』など。大のフェルメールファンとしても知られ『フェルメール　光の王国』がある。最新刊に『迷走生活の方法』。朝日新聞に「新ドリトル先生物語」を連載中。
➡p014-041：監修、p042-043：対談

第2章 **微生物**

鈴木智順（すずき・とものり）
東京理科大学教授。農学博士。専門は、系統微生物学、微生物生態学、環境微生物学などに基づいた応用微生物学や環境農学。環境中に存在する微生物の種類やその活動を、遺伝子解析や培養実験などによって研究するとともに、光触媒を用いた殺菌作用の研究も行う。著書（分担執筆）に『理工系の基礎 生命科学入門』。監修に『ずかん細菌』、『世界一やさしい！微生物図鑑』。
➡p048-058、064-065：監修

小倉ヒラク（おぐら・ひらく）
発酵デザイナー。東京農業大学で研究生として発酵学を学んだ後、山梨県に発酵ラボを設立。「見えない発酵菌たちのはたらきを、デザインを通して見えるようにする」ことを目指し、全国の醸造家とともに商品開発や絵本・アニメの制作、ワークショップを開催。著書に『発酵文化人類学』など。
➡p059-064：監修、p066-067：対談

マリア・グロリア＝ドミンゲス ベロ
米・ヘンリー・ラトガース大学教授（マイクロバイオームと健康）。微生物学、人類学教授。学問領域をまたいだアプローチを用いて、現代の習慣がマイクロバイオームに与える影響や、その回復のための方法を研究。また人間の健康に関連する微生物の多様性を保存するための世界的な取り組み「Microbiota Vault」の共同設立者。
➡p056-058、064-065：取材協力

Special thanks：**齋藤帆奈**（さいとう・はんな）

第3章 緑

河野智謙（かわの・とものり）

北九州市立大学国際環境工学部環境生命工学科教授。国際光合成産業化研究センター長。フィレンツェ大学附属国際植物ニューロバイオロジー研究所（LINV）北九州研究センター長。生物の光応答、植物—微生物相互作用、植物の応答作用、光合成などを専門に研究。

→p072-097：監修

ステファノ・マンクーゾ

イタリア・フィレンツェ大学教授。フィレンツェ大学附属国際植物ニューロバイオロジー研究所（LINV）所長。植物の「シグナル伝達」および「行動」を研究するための国際学会を設立。遺伝学から分子、細胞、生態系コミュニティまで、生物組織のあらゆるレベルでのシグナル伝達とコミュニケーションを探求する植物神経生物学の第一人者。著書の『植物は〈知性〉を持っている』『植物は〈未来〉を知っている』は、世界中で広く翻訳されている。

→p082-089：取材協力、p096-097：対談

第4章 土

藤井一至（ふじい・かずみち）

土の研究者。京都大学研究員、日本学術振興会特別研究員を経て、現在、（国）森林研究・整備機構森林総合研究所主任研究員。世界の食糧事情を賄える土を追求し、土の成り立ちと持続的な利用方法を中心に研究。著書に『大地の五億年 せめぎあう土と生き物たち』、『土 地球最後のナゾ 100億人を養う土壌を求めて』。

→p102-121：監修、p122-123：対談

第5章 星

渡部潤一（わたなべ・じゅんいち）

国立天文台教授・副台長、総合研究大学院物理科学研究科天文科学専攻教授。専門は太陽系小天体観測の観測的研究。2006年、国際天文学連合の「惑星の定義委員会」委員となり、冥王星の惑星からの除外を決定した最終メンバーの1人。講演や執筆など天文学のアウトリーチ活動にも尽力する。『最新 惑星入門』『第二の地球が見つかる日』など著書、監修書多数。

→p128-155：監修、p156-157：対談

第6章 空

江守正多（えもり・せいた）

国立環境研究所地球システム領域、副領域長。社会的対話・協同推進室長。専門は地球温暖化の将来予測とリスク論。IPCC（気候変動に関する政府間パネル）第5次および第6次評価報告書 主執筆者。気候変動、地球温暖化に関する執筆、メディア出演、講演など多岐に渡って活躍。主な著書に『地球温暖化の予測は「正しい」か？』、『異常気象と人類の選択』。

→p162-172、p176-179：監修、p180-181：対談

松長有慶（まつなが・ゆうけい）

文学博士。高野山大学名誉教授、元同大学学長。密教文化研究所顧問。高野山真言宗総本山金剛峯寺・第412世座主。専門は密教学。ネパール、インド、パキスタンで密教の現地調査などのフィールドワークを行い、西チベットで新しい曼陀羅を発見。『密教』『高野山』『訳註 即身成仏義』など著書多数。

→P173-175：監修

※p173-175は、2021年4月25日に行った同氏への取材をもとに制作しています。

第7章 虹

辻 信一（つじ・しんいち）

文化人類学者。環境＝文化NGO「ナマケモノ倶楽部」代表。明治学院大学名誉教授。十数年に渡る海外生活を経て、1992年から2020年まで明治学院大学にて「文化とエコロジー」などの講座を担当。またアクティビストとして、スローライフ、ハチドリのひとしずく、キャンドルナイトなどの社会ムーブメントの先頭に立つ。

→p186-193：監修、p194-195：対談

田中 克（たなか・まさる）

京都大学名誉教授。公益財団法人チーフリサーチフェロー。40年間に渡って稚魚の生態や生理に関する研究に取り組み、2003年頃より自然のつながりと人の営みや心の再生を目指す「森里海連環境学」を提唱し、三陸の海と有明海の再生を目指す。舞根森里海研究所所長。NPO法人「森は海の恋人」理事。

→p189-190：取材協力

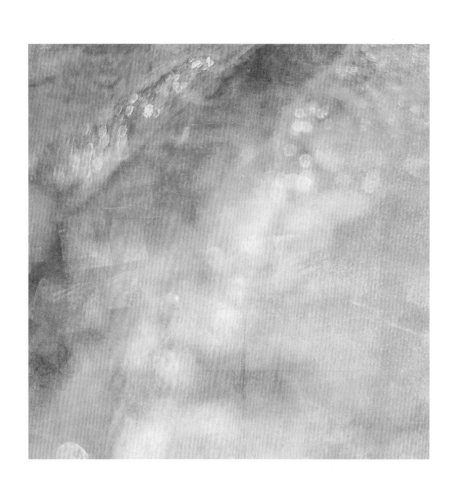

EARTH CONNECTION

エレメンツとつながる時間

from

NOMA

海、微生物、緑、土、星、空、そして共生の社会。

日々の暮らしや探究の旅で見つけた、地球のエレメンツとつながる時間。

触れた喜びや学びを、みなさんにもシェア。

海

すべての生命の故郷、海。
深いブルーと潮の香りに安らぎを感じて。

憩いの、浜辺での宝探し

海での楽しみは潮風を存分に浴びて、雑談を
楽しみながらの浜辺散策。緑や青、白、茶色、
さまざまな色のビーチグラスや貝殻を拾いながら
憩う時間。思わぬゴミに遭遇したときはそれも回
収。宝も見つかって、海も綺麗になって、潮風
に癒されて楽しい話もできて。一石四鳥くらい。
実家に帰ったときのファミリーでの過ごし方のひと
つ。ビーチグラスは透明の瓶に溜めて窓辺で光
を通すと美しく輝くよ。

海の中はまるでもう1つの惑星。自由に身体を躍らせる素潜り。素肌に触れる海
水の心地良さ。潜るときはヒレが珊瑚や生物にあたらないように要注意。

©Greenpeace

世界の海の1/3以上を保護
区にする国際環境 NGO グリー
ンピースのグローバルキャン
ペーンの一環で、英国アード
マンズ・アニメーションと共同
制作されたアニメーション。生
命の故郷である海の中で起
きている問題が描かれている。
私も吹き替えに参加。

家族や仲間と語り、喜びを分かち合う。海辺だからこその安堵の時間。

海からの恩恵、タラソテラピー

海洋性気候のもとで海水や海藻、海泥を用いて行う自然療
法、タラソテラピー。心身の疲労回復やリフレッシュ、恒常
性の維持の心強い味方。1907 年、パリに最初の海洋診療
所が設立。現在では世界各地にタラソテラピーの施設があ
る。古代ギリシア時代の偉人たちにも海水ファンは多く、医
学の父といわれるヒポクラテスは痒みを伴う皮膚病の治療に
海水を処方。また哲学者のアリストテレスは「海水の最良
の処方は、温めたのちに温浴すること」と述べていたそう。
（参考文献『タラソテラピー　海から生まれた自然療法』）

微

目には見えないミクロの世界を感じてみる。

肌で、舌で、腸で、心で。

裸足で歩く。大地との触れ合いは、見えない微生物たちとの触れ合い。

キッチンで楽しむ微生物と
スーパープランツ

梅の季節になると梅酒や、梅とスパイスを混ぜた酵素ジュースづくりが我が家は定番。シナモン、クローブ、八角、生姜などのスパイスと植物と、有機甜菜糖でコーディネート 。季節が変わったら、レモンやリンゴなどさまざまな果物で。他にもお味噌から塩麹、コンブチャ、ミキ、ソイグルト……。季節や体調に合わせて自家製発酵食を楽しむ。仕込む前は容器の煮沸と、手洗いを丁寧に！

友人たちと味噌玉を交換しながらつくるお味噌は、毎回味わいが違う。長く熟成させてみたり、スパイスを混ぜてみたりと、実験もまた楽しい。

微生物の力を借りた発酵食品と旬の野菜の組み合わせも至福のひと時。

お気に入りの日陰を味噌蔵に。微生物の活きが良すぎて爆発しちゃってる時も。

緑

惑星地球で27億年生命を紡いできた生命体、植物。
彼らの叡智と恩恵を糧に今日も私たちは生かされている。

森林浴、公園浴。緑の力で充電

植物がつくるフィトケミカルは私たちを見えない
敵から守ってくれる。森の国、日本。足を少し
延ばせば森や山が迎えてくれ、近場でも公園に
行くと四季の色に染まる植物やカラスの生態観
察を楽しめる。希少な存在となった原始林では、
みごとな調和で生命の循環と共生が広がり、そ
の美しき、生命の小宇宙にはひたすら感動して
しまう。そんな探索もまた、漲（みなぎ）る時間。

森や公園でフィトケミカルに癒されながらの散策は、日々の暮らし
に欠かせない習慣。

森の国であるにも関わらず現
在ではわずかとなった原始
林。南方熊楠の自然保護活
動で守られた和歌山県の原
始林で。

旬の植物のいのちを頂く。食
いしん坊にはたまらぬ時間。
ありがとう。

植物の力をいただくフードレメディ

自然界の摂理は本当に良くできている。春には
冬に溜めた老廃物にお別れするための山菜が良
く育ち、夏は熱（ほて）った体を冷ます野菜が良く育つ。
そして冬は冷えた体を温める根菜類が良く育つ。
野菜の力と、体が求めること。その重なりに人も
自然の一部だと気づかされる。旬の野菜を1年、
1ヵ月、1日のリズムに合わせて。自然の摂理
に沿った食事を通して、一番身近な自然である
自身の体調を整える。

植物の力で保つ心身の恒常性

【アロマテラピー】まだ解明しきれていない植物の香りの力
は、心身へのアプローチがダイレクト。心身の恒常性を保つ
のにも心強い、植物のエッセンシャルオイルを使ったアロマ
テラピー（芳香療法）で、スキンケアやマスクスプレー、ク
リーニングペースト、バスボムなど、クリエイティブにウェル
ネスと向き合う。
【フィトテラピー】フランスで始まったフィトテラピー（植物療
法）も毎日の生活の中に。ハーブ、漢方、アロマなど、植
物のフィトケミカルを使って風邪や体調不良を予防。マイボ

家にはエッセンシャル
オイルが 100 本以上。
植物にもさまざまな個
性や相性があり、学
ぶほどに力を借りられ
る幅が広がる。

トルの中にはその日の体調に合わせたティザンヌかタンチュ
メール（ハーブ浸出液）を混ぜて、より全快なその日を。

土

地球の分解者の賜物、土。
触れて、拵える時間は、家庭でも体感できる自然界の摂理。

台所の生ゴミから始まる家庭内での循環。コンポストで熟成された堆肥を土に混ぜ、植物を育み、それを食べる。虫ちゃんとの思わぬ出会いも楽しみながら、分解や微生物のバランスを学ぶ。

畑での土学び。胃袋を掴まれたお野菜たちの隠れた秘密は、微生物とのコミュニケーションが丁寧に行われた土つくり。自然循環栽培を行うラララファームにて。

大地の恵み、クレイセラピー

グリーン、ホワイト、レッド、イエロー、ブラウン、ピンク。種類によってさまざまな個性や得意分野を持つ大地の恵み、クレイ。天然のミネラル成分がとっても豊富。そしてクレイの吸着力を活かした半身浴やスキンケア、ヘッドケアも、生活の中では欠かせない存在。デジタルワークで疲労がたまったときは、頭頂からデコルテまでクレイでパックして、千潟のムツゴロウ状態で半身浴するのが定番。

星

生命のリズムは、廻り続ける天体のリズム。
宇宙を覗けば覗くほど、生命の神秘にも思い到る不思議。

月や星、天体が綺麗な夜は星宙を見上げる。遠くの宇宙
や惑星、銀河を近くに感じさせてくれる、天体観測の時間。

朝陽と夕陽はこの惑星の住人が無料で楽しめるショータイム。
二度と同じ姿で現れない美しい彩り。

ますます生命や宇宙の神秘の虜になる本

- 『動的平衡』シリーズ　福岡伸一
- 『真理の探究』佐々木閑、大栗博司
- 『EYES OF HUBBLE』監修 渡部潤一、執筆 岡本典明
- 『渋川晴海　失われた暦を求めて』林 淳
- 『ぼくたちは今日も宇宙を旅している』佐治晴夫
- 『国立天文台教授が教える
　　ブラックホールってすごいやつ』本間希樹
- 『第二の地球が見つかる日』渡部潤一
- 『地球外生命』長沼 毅、井田 茂

ペルーで出合った、マチュピチュの日
時計。古代から変わらずに人が持つ、
天空への尊い気持ちと好奇の心。

宇宙を知ることは、私たちのことを知ること

空気が澄んだ晴れの夜は、双眼鏡を持って外やバルコニー
に出る。そして深淵なる真っ黒のキャンバスに輝く、天体と
のひと時を楽しむ。天体観測は、遠くの銀河や天体たちへ
の新たなる視点、宇宙への新しい扉を開いてくれる。夜空
を観て、感じて、本やドキュメンタリーでさらに知って、そし
て考える。エウロパやエンゲラトス、お気に入りの衛星での
妄想の旅も最幸だ。私たちを包む宇宙の神秘は果てしなく
冒険に満ちていて、答えなきワンダーな旅は、きっと私たちを
どこまでも楽しませてくれる。

空

晴れた日の朝陽や夕陽、雨の日の雨音、風が遊ぶ風鈴。
大気が導く情緒溢れる瞬間は身も心も委ねるマインドフルな時間。

空模様観察

晴れ、薄いベールをまとう巻層雲や積乱雲、雨
雲、雨、風、嵐、台風……天気を見ることは、
地球の様子を見ること。何十億年と動き続けて
きた空模様。綾錦（あやにしき）のような美しき彩りで感動さ
せてくれたり、雷鳴轟かせて静かな気持ちにさ
せてくれたり。天空のキャンパスは、ドラマティッ
クに移り変わる。今の景色は今だけであり、大
きな循環の中で私たちの生活も反映されている
のを忘れたくはない。

くんくん。野生の香りや音はさいこうの瞑想案内師。

煙が見せてくれる酸素と
窒素のダンス。

消費や暮らし、小さな社会、
大きな社会、未来、毎日向
き合う選択肢。学びや感
性、感じたこと、考えたこと、
ちんぷんかんぷんなことも
仲間とシェア。常に移ろい
変わりゆく世界だからこそ、
開けた視野で学び、見たい
世界をのびのびとイメージ。

虹

世界のそこここで胎動している愛おしき文化。
各地で触れた循環と共生の環を、ほんの少し。

ハワイで見た、つながる森里川海

10年前から定期的に訪問している、ハワイのネイティブハワ
イアン自治区。ここで先祖からの伝統的な知恵として受け継
がれてきた環境保全システム（アフプア・ア）が、森里川
海をつなぐこと。森から里のタロ芋畑、さらに川へ、海へと
生態をつなげることにより、地域全体の生命がより輝く循環と
なるという、古来のネイティブハワイアンの教え。

地域支援型オーガニック農園
MAMA FARM

NYのロングアイランドでイザベラ・ロッサリーニさんが営む
オーガニックファーム。オーガニックの野菜やハーブ、養蜂は、
CSAという地域支援型のシステムによって、地元の人たちが
栽培や収穫にも参加し、コミュニティの集い場としても活きて
いる。ファーム内には絶滅危惧種の動物や、保護された野
生動物も一緒に共生。動物保護や動物行動生態学を学ん
だイザベラの想いが溢れるファーム。

豊かな巡りをつくる、唐津の植物とヒトの環

ウェルネスを通して、持続可能的な形で植物の力を活かす
佐賀県唐津市の取り組み。藪椿や長命草など自生する植物
を活かしたり、唐津ならではの多様な柑橘類など大地に負
担をかけない自然栽培で恵みを摘んだり。大地目線でのも
のづくりは、間伐材や耕作放棄地の再生にもつながる。ウェ
ルネスと共に広がる地域への豊かな巡りはこれからも楽しみ。

企画／案内人

NOMA（ノーマ）

　佐賀県出身のモデル、アーティスト。日本人の父とシシリア系アメリカ人の母を持ち、生命や宇宙の不思議に惹かれ、自然遊びに夢中な幼少期を送る。大学では世界情勢などグローバルな学びを深めながらモデル業をスタート。在学中のインドへの一人旅を機に各地を巡り、執筆を始める。上京後はさまざまな媒体や映像作品で表現者としてキャリアを積みながら旅を継続。

　自然の力を取り入れたライフスタイルや、自然への探究心を活かし、メディア連載、セミナー、イベント登壇など、ファッションからビューティー、時に自然科学の案内人としてサイエンスまで幅広いジャンルで活動。2012年より廃材を使った作品作りやプロデュース等を始める。エコロジストとしての取り組みも行い、環境省森里川海アンバサダー、グリーンピースオーシャンアンバサダーとして活動。本書では企画に始まり、7つの智の大冒険と共に全体的なクリエイティブをコーディネート。感じて、知って、考えて、自分の感性で触れた世界を表現したり、シェアすることが好き。

Instagram noma77777

http://noma-official.com

ブックデザイン：町口 景（Match and company co., ltd.）

イラスト：しんかわまさみ

カラーアート：NOMA

各章序文：NOMA

テキスト：秋山沙奈江、NOMA、グラフィック社編集部

フォト（一部撮影協力）：橋詰あき

スタイリング（一部衣装協力）：高橋史枝／ EQUALAND -TRUST AND INTIMATE-

撮影（福岡伸一）：阿部雄介

編集：庄司真木子（グラフィック社）

コラボアート：カバー、p8-11、p42-45、p66-69、p96-99、p122-125、p156-159、p180-183
　　　　　　しんかわまさみ（design/cutting）、NOMA（planning/color art work）

監修：福岡伸一、鈴木智順、小倉ヒラク、河野智謙、藤井一至、渡部潤一、江守正多、松長有慶、辻 信一（掲載順）

取材協力：マリア・グロリア＝ドミンゲス ベロ、齋藤帆奈、ステファノ・マンクーゾ、田中 克（掲載順）

WE EARTH
海・微生物・緑・土・星・空・虹
7つのキーワードで知る地球のこと全部

2021年6月25日　初版第1刷発行

企画／案内人：NOMA

編者：グラフィック社編集部

発行者：長瀬 聡

発行所：株式会社グラフィック社
　　　　〒102-0073 東京都千代田区九段北1-14-17
　　　　Tel.03-3263-4318（代表）　03-3263-4579（編集）
　　　　Fax.03-3263-5297
　　　　郵便振替 00130-6-114345
　　　　http://www.graphicsha.co.jp/

印刷・製本：図書印刷株式会社

ISBN 978-4-7661-3570-1 C0040
Printed in Japan